하류

하구 · 기수역 · 연안

하천 수역의 특징과 구분

하천은 고도가 높은 곳에서 낮은 곳으로 지표의 경사면을 따라 곡선을 만들며 흐른다. 경사가 급한 상류역은 물의 양이 적고 작은 여울과 소(沼)가 반복되며, 경사가 완만해지는 아래쪽 지류와 합류되면서 물의 양이 점차 증가하는 대신 여울과 소의 빈도는 낮아진다.

하천은 일반적으로 상류, 중류, 하류로 구분하는데 상류는 하나의 곡선 구간에 여울과 소가 자주 나타나고 그 거리는 짧다. 중류는 하나의 큰 곡선 구간에 여울과 소가 한 차례 형성된다. 한편 하천의 기본 구간 사이에 계류, 중상류, 중하류, 하구를 더 세분해 하천을 구분하기도 한다.

이 책은 하천을 계류 · 상류, 중상류, 중류, 중하류, 하류로 구분하고 여기에 소하천 · 농수로 · 연못을 하나로, 하구 · 기수역 · 연안을 하나로 묶었으며 소하형과 강하형 어류의 설명을 위해 바다와 하천 왕래에 대한 항목을 추가하였다.

하천 각 수역의 위치

• 계류
• 상류 → 중상류 → 중류 → 중하류 → 하류 → • 하구
• 기수역
• 연안

물고기
검색
도감

노세윤 지음

줄납자루

머리말

1991년 5월 어느 날, 우연히 들른 서점에서 본 물고기 책 한 권이 끄집어낸 유년 시절 추억이 하나 있습니다. 서울 마포의 집에서 잰걸음으로 두 시간 정도 서쪽으로 가면 너른 논이 펼쳐진 동네가 있었고, '모래내'라는 제법 큰 개천도 있었습니다. 여름이면 이곳으로 종종 동네 형들을 따라가 해 질 녘까지 도랑의 물고기를 쫓던 일, 어머니가 귀히 쓰시던 대바구니를 그물인 양 휘젓다 진흙 범벅이 되어 낭패감에 울던 일, 괜찮다며 다친 데는 없는지 다정히 물으시고 허기진 아들에게 늦은 저녁밥을 챙겨 주시던 일들입니다. 이 작은 추억은 책을 구매하게 하였고, 이후로 커진 호기심과 열정은 바야흐로 열 권째 책을 내는 지금에도 이어지고 있습니다. 물고기의 삶은 전략적이며, 우리와 닮은 점도 꽤 있기 때문이기도 합니다. 이를테면 번식 행동과 새끼 돌봄, 포식자에 맞서는 무리 형성, 영역 수호, 그리고 자신에 맞는 환경에 터 잡기 등등의 행동입니다.

《물고기 검색 도감》은 후자를 모티브로 하여 하천이 산골에서 시작되어 바다로 빠져나가기까지의 긴 거리를 몇 개의 수역으로 나누고, 각 수역에 터 잡은 어종의 모습을 쉽게 볼 수 있도록 수중에서 촬영한 담수어를 분류 순으로 담았습니다. 모든 담수어를 카메라에 담아내지 못해 아쉬움이 남지만, 이는 필자의 남은 도전 과제이기도 합니다. 끝으로 책 다듬기에 열성을 다해 주신 진선출판사 편집부 일동에게 감사를 드립니다.

이 책으로 인해 조금이라도 가슴이 뛴다면 물고기를 찾아 물이 흐르는 산으로, 들로 지금 나서 보는 것은 어떠신지…

2021년 봄 노세윤

일러두기

1. 이 책에는 한반도의 담수역과 기수역에 서식하는 어류 총 155종을 실었다.
2. 어류의 분류 순서는 넬슨(Nelson, 2016)의 분류 체계를 따랐다.
3. 책의 앞부분에 어류의 각 부위와 여러 가지 체형을 설명한 '어류의 주요 부위와 체형', 어류의 호흡 방법을 설명한 '어류의 호흡'을 실어 본문의 내용을 이해하는데 도움이 되도록 하였다.
4. 본문에 앞서 담수어를 분류군별로 나열하고, 어종이 수록된 쪽수를 기입한 '분류군별 담수어 찾기'를 실어 본문의 수역별 구성과 대조해 볼 수 있도록 하였다.
5. 본문은 (1)계류와 상류, (2)중상류, (3)중류, (4)중하류, (5)하류, (6)강 하구·기수역·연안, (7)소하천·농수로·연못에 서식하는 어류와 (8)하천과 바다를 오가는 회유성 어류를 설명하는 8개 주제로 나눈 다음 분류 순으로 어종을 설명하였다.
6. 본문에 수록 어종의 국명과 영문명을 표기하였고, 어종마다 해설과 함께 분포도를 보여 주고 해당 종의 몸길이, 산란시기, 회유형태 등의 정보는 아이콘으로 보여 주어 독자의 직관적인 이해를 도왔다.
7. 사진은 저자가 직접 촬영한 수중 사진을 실었으며, 부분적으로 비교나 검색, 설명에 필요한 일러스트를 삽입하였다.
8. 책의 양쪽 상단 모서리에 각 수역마다 다른 색으로 표기해 서로 구분되도록 하였다.
9. 본문 내용은 누구나 이해할 수 있도록 어려운 용어를 가능한 한 쉽게 풀어 썼으며, 설명이 필요한 용어는 책 뒷부분의 '용어 해설'에 풀어 놓았다.
10. 뒷부분에 한반도에 서식하는 담수어 전체를 파악할 수 있도록 학명이 표기된 '한국 담수어 목록'을 실었다.
11. 찾아보기에는 어류의 국명을 ㄱ, ㄴ, ㄷ 순으로 정리해 싣고, 학명도 나란히 표기하였다.

참중고기

민물검정망둑

차례

이 책의 구성 및 활용 방법

이 책은 우리나라의 담수어를 쉽게 검색할 수 있도록 앞부분에는 분류군별 이미지 목록을 배치하였고 본문에는 설명과 함께 수중 생태 사진, 일러스트, 분포도, 아이콘 등을 수록해 상세 정보를 앞부분과 대조하여 볼 수 있게 함으로써 까다로운 어류 검색에 편의를 주었다. 뒷부분에는 본문 이해에 도움이 되는 용어 해설과 학명이 기재된 한국 담수어 목록을 제공하였다.

동일 속 어류 검색 페이지

어류 생활사 소개
어류의 일생 및 광역 활동 정보를
알기 쉽게 전개한 일러스트

생태 및 생활사 사진
어류의 생활 습성과 서식 환경을
잘 보여주는 풍부한 수중 사진

서식지 및 목명

서식지 색인
어류 서식지(수역)별 색상 구분

어류 대표 단독 사진
실제 자연에서 촬영한 저자의 뛰어난
어류의 수중 단독 사진 및 생태 사진

우리말 어종명 및 과명

영문명/보호 및 관리 정보
(아이콘 설명: 10쪽 참조)

체형 사진
그림이나 액침 표본이 아닌 살아있는
사진으로 고유의 몸 색깔과 형태 반영

어종 해설

분포도/생태 정보 박스
(아이콘 설명 및 수계도: 10, 11쪽 참조)

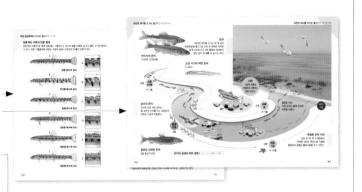

~지 무리 단독 생활을 하지만 번식기에는 2~3마리 단위의 작은 무리를 이루기도 한다.

~지 치어 치어들은 난황을 다 흡수하고 자유롭게 유영할 때까지 수컷의 보호를 받는다.

139

~저기 유어 이 느린 수초 지대에 살며 단독 생활을 한다.

~저기 수컷 산란 후 수컷은 산란장을 떠나지 ~고 수정란(화살표)을 지킨다(사진 제공 김주홍).

꺽저기와 꺽지 구분

꺽저기

꺽재(38쪽 참조)

꺽저기는 주둥이 끝에 둥지느러미 앞까지 연한 갈색 줄무늬화살표)가 있다.

215

어종 검색 일러스트

비슷한 어종의 구분 포인트 제시

적용 아이콘 설명

예) 꺽지

분포 아산만 유입 하천과 탐진강, 동해 북부로 흐르는 하천을 제외한 전국의 하천
생활 하천의 중층
먹이 수서곤충, 갑각류, 작은 물고기

15~30cm 4~7월 국지회유
길이(전장) 산란시기 회유형태

● **어류의 보호 · 보존 · 관리에 관한 아이콘**

고유 천연 멸종Ⅰ 멸종Ⅱ 외래
한반도 천연 멸종위기 멸종위기 외래종
고유종 기념물 야생생물 야생생물
Ⅰ급 Ⅱ급

● **회유형태 아이콘의 구성 요소**

해당 어종 ▶

회유 목적 ▶ 먹이 산란 월동

이동 방향 ▶ 소하 강하 양측 국지
(하천으로) (바다로) (하천/바다) (하천 내)

━━━ 회유형태 아이콘의 조합 예와 이해 ━━━

섭식하러 서식지 내 일정 장소를 오고 감

섭식 · 산란 · 월동하러 서식지 내 일정 장소를 오고 감

바다에서 살다가 산란하러 육지 하천으로 올라옴

육지 하천에서 살다가 산란하러 바다로 내려감

● **어류의 회유형태 구분**

소하회유형 바다에서 살다가 산란하러 육지 하천으로 올라오는 종
강하회유형 육지 하천에서 살다가 산란하러 바다로 내려가는 종
양측회유형 치어 때 바다에서 살다 하천 상류부로 올라와 성장하고 산란하러 하류로 가는 종
국지회유형 섭식과 산란, 월동 등을 하러 서식지 하천의 일정 장소를 오가는 종

한반도 주요 수계도

① 압록강
② 대령강
③ 청천강
④ 대동강
⑤ 재령강
⑥ 예성강
⑦ 고성남강
⑧ 금야강
⑨ 성천강
⑩ 북청남대천
⑪ 길주남대천
⑫ 두만강

① 임진강
② 한강
③ 안성천
④ 금강
⑤ 만경강
⑥ 동진강
⑦ 영산강
⑧ 탐진강
⑨ 섬진강
⑩ 낙동강
⑪ 회야강
⑫ 태화강
⑬ 형산강
⑭ 왕피천
⑮ 삼척오십천
⑯ 강릉남대천

어류의 주요 부위

물고기는 물속에서 아가미로 호흡하는 척추동물이다. 머리, 몸통, 꼬리, 지느러미로 구분되며 움직일 때는 몸통과 지느러미를 사용한다. 지느러미는 3개의 홑지느러미와 좌우 짝을 이루는 2쌍의 짝지느러미가 있다.

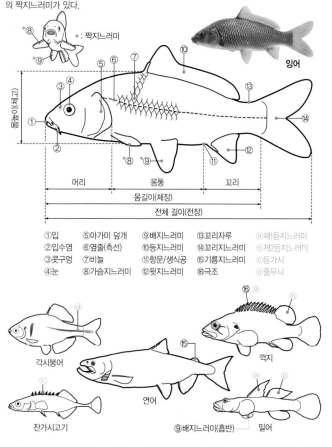

①입　　⑤아가미 덮개　⑨배지느러미　⑬꼬리자루　　ⓐ제1등지느러미
②입수염　⑥옆줄(측선)　⑩등지느러미　⑭꼬리지느러미　ⓑ제2등지느러미
③콧구멍　⑦비늘　　　⑪항문/생식공　⑮기름지느러미　ⓒ등가시
④눈　　　⑧가슴지느러미　⑫뒷지느러미　⑯극조　　　　ⓓ줄무늬

각시붕어

꺽지

잔가시고기

연어

⑨배지느러미(흡반)　　밀어

어류의 체형

물고기의 체형은 뱀장어처럼 가늘고 긴 장어형, 잉어처럼 앞쪽과 뒤쪽이 뾰족한 방추형, 흰줄납줄개처럼 체고는 높고 좌우로 홀쭉한 측편형, 미꾸라지처럼 머리띠 모양으로 생긴 리본형, 강주걱양태처럼 위아래로 납작한 종편형, 복어처럼 둥그스름한 구형 등 6가지 형태로 구분할 수 있다.

단면 ▼　　　측면 ▼　　　　　단면 ▼　　　측면 ▼

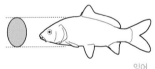

뱀장어
장어형: 가늘고 긴 모양

미꾸라지
리본형: 리본 모양

잉어
방추형: 유선 모양

강주걱양태
종편형: 위아래로 납작한 모양

흰줄납줄개
측편형: 좌우로 납작한 모양

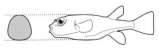

복섬
구형: 원통 모양

어류의 호흡

물고기의 호흡 작용은 입으로 흡입한 물이 아가미의 새엽을 거쳐 체외로 배출되면서 이루어진다. 새엽의 모세혈관 내 혈액은 물의 반대 방향으로 흐르며 물과 혈액이 교차되는 과정에서 이산화탄소가 방출되고 산소는 흡수된다. 일부 종의 물고기는 공기를 직접 흡입하거나 피부로 호흡한다.

● 입과 아가미를 사용하는 호흡(대부분의 물고기)

아가미

산소

물

산소　　새엽

이산화탄소

물

잉어

● 아가미구멍을 사용하는 호흡(칠성장어, 다묵장어)

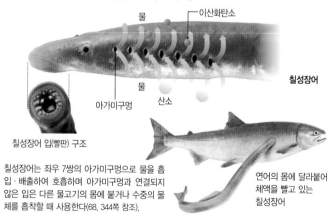

물

이산화탄소

물

산소

아가미구멍

칠성장어

칠성장어 입(빨판) 구조

칠성장어는 좌우 7쌍의 아가미구멍으로 물을 흡입·배출하여 호흡하며 아가미구멍과 연결되지 않은 입은 다른 물고기의 몸에 붙거나 수중의 물체를 흡착할 때 사용한다(68, 344쪽 참조).

연어의 몸에 달라붙어 체액을 빨고 있는 칠성장어

● **병행 호흡(짱뚱어, 말뚝망둥어 등)**

짱뚱어, 말뚝망둥어 등의 조간대 생활 물고기는 물속에서는
아가미로 호흡하고 물 밖에서는 온몸에 분포한 피부 돌기로
호흡한다(304, 308, 310, 314쪽 참조).

짱뚱어의 피부 돌기

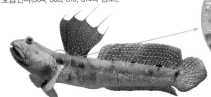

짱뚱어

*앞에서 갓 부화한 모든 어류의 자어는
아가미가 형성되기 전까지 피부로 호흡한다.

말뚝망둥어

● **공기 호흡(미꾸리, 미꾸라지, 드렁허리, 버들붕어, 가물치 등)**

드렁허리는 수면 위로 주둥이를 내밀어 마신 공기를 턱 밑에 가둔 뒤 물속에서 산소를 흡수한
다. 미꾸리는 흡입한 공기를 장으로 보내 산소를 흡수하며 버들붕어는 아가미 위쪽의 상새기관
으로 공기를 보내 산소를 흡수한다. 이들 어류는 공기를 흡입하러 수면으로 자주 부상한다(196,
239, 256, 338, 340쪽 참조).

드렁허리
드렁허리는
피부 호흡도
한다.

미꾸리

버들붕어

분류군별
담수어 찾기

가는돌고기

칠성장어목		
칠성장어과		

칠성장어
344

다묵장어
68

철갑상어목		뱀장어목
철갑상어과		뱀장어과

철갑상어
270

뱀장어
346

무태장어
350

잉어목
잉어과
잉어아과

잉어
218

이스라엘잉어
220

붕어
222

17

떡붕어
272

잉어목

잉어과
황어아과

황어
354

연준모치
36

버들치
38

버들개
40

버들피리
70

금강모치
42

버들가지
44

잉어목

잉어과
납자루아과

흰줄납줄개
224

한강납줄개
71

각시붕어
142

떡납줄갱이
144

납자루
146

묵납자루
74

칼납자루
148

임실납자루
150

낙동납자루
152

줄납자루
154

큰줄납자루
156

납지리
158

큰납지리
226

가시납지리
160

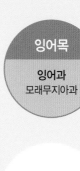

잉어목

잉어과
모래무지아과

참붕어
228

돌고기
162

감돌고기
76

가는돌고기
80

쉬리
82

참쉬리
84

새미
46

참중고기
164

중고기
166

줄몰개
168

긴몰개
170

몰개
172

참몰개
174

점몰개
176

모샘치
178

누치
230

참마자
86

어름치
88

모래무지
180

버들매치
232

왜매치
234

꾸구리
96

돌상어
98

흰수마자
186

두만강자그사니
94

모래주사
90

돌마자
182

여울마자
185

둑중개모치
236

배가사리
91

두우쟁이
273

잉어목

잉어과
끄리아과

왜몰개
330

갈겨니
188

참갈겨니
102

피라미
190

끄리
238

잉어목

잉어과
강준치아과

강준치
274

백조어
276

치리
194

잉어목

잉어과
눈불개아과

눈불개
277

초어
278

잉어목

미꾸리과

미꾸리
196

미꾸라지
239

새코미꾸리
104

얼룩새코미꾸리
106

참종개
107

부안종개
110

미호종개
200

왕종개
112

남방종개
198

동방종개
116

기름종개
118

점줄종개
242

줄종개
244

북방종개
114

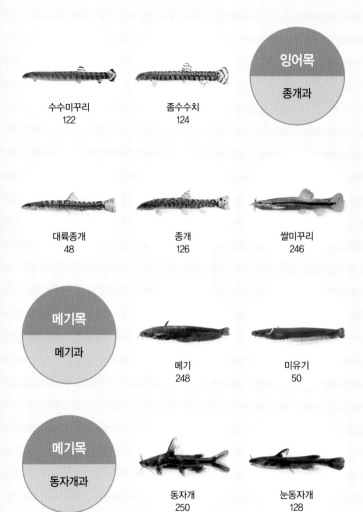

수수미꾸리
122

좀수수치
124

잉어목

종개과

대륙종개
48

종개
126

쌀미꾸리
246

메기목

메기과

메기
248

미유기
50

메기목

동자개과

동자개
250

눈동자개
128

꼬치동자개
130

대농갱이
252

밀자개
279

종어
280

메기목

퉁가리과

자가사리
52

섬진자가사리
134

동방자가사리
54

퉁가리
132

퉁사리
202

연어목

연어과

열목어
55

연어
358

산천어(송어)
58

무지개송어
60

홍송어
62

바다빙어목

바다빙어과

빙어
362

은어
364

망둑어목

동사리과

동사리
136

얼룩동사리
204

남방동사리
206

발기
253

망둑어목

망둑어과

좀구굴치
332

날망둑
286

꾹저구
288

왜꾹저구
290

흰발망둑
292

풀망둑
294

갈문망둑
254

밀어
208

민물두줄망둑
296

검정망둑
298

민물검정망둑
300

모치망둑
302

짱뚱어
304

남방짱뚱어
308

말뚝망둥어
310

큰볏말뚝망둥어
314

미끈망둑
316

사백어
318

개소겡
320

숭어목

숭어과

숭어
322

가숭어
324

동갈치목

송사리과

송사리
334

대륙송사리
336

드렁허리목

드렁허리과

드렁허리
338

버들붕어목

버들붕어과

버들붕어
340

버들붕어목

가물치과

가물치
256

돛양태목

돛양태과

강주걱양태
282

농어목

쏘가리과

쏘가리
210

황쏘가리
212

꺽저기
214

꺽지
138

농어목

검정우럭과

블루길
258

배스
260

쏨뱅이목

큰가시고기과

큰가시고기
368

가시고기
262

잔가시고기
264

쏨뱅이목

독중개과

독중개
63

한둑중개
266

꺽정이
370

복어목

참복과

복섬
326

황복
372

연어

01

하천 계류와 상류에서 만나는 물고기

계류와 상류의 환경

숲이 울창하여 물이 차고 깨끗하다. 경사면을 흐르는 물은 바위와 돌에 부딪치며 대기 중의 산소를 풍부하게 흡수한다. 작은 규모의 여울과 소(沼)가 반복된다. 바닥은 바위와 돌로 구성되어 있다. 냉수성 어류가 돌에 붙은 조류나 수서 곤충, 수면으로 낙하하는 육상 곤충, 작은 물고기 등을 먹고 산다.

삼척 오십천, 남한강, 북한의 압록강, 두만강, 대동강 등의 상류에 분포한다.

연준모치 잉어과 | 황어아과

Eurasian minnow

멸종Ⅱ

제주도

분포 삼척 오십천, 남한강 **상류**, 북한의 압록강, 두만강, 대동강 **상류** 등 (국외: 일본, 중국, 러시아, 유럽)
생활 하천의 중·하층
먹이 수서곤충, 부착 조류, 갑각류 등

몸은 유선형이다. 몸 가운데 반점 위로 금색 줄무늬가 있다. 물이 맑고 돌과 자갈이 있는 곳에 무리 지어 산다. 번식기에 암수는 주둥이 주변에 돌기가 돋는다. 암컷은 자갈 틈에 알을 낳고 뒤따르던 여러 마리의 수컷이 함께 방정한다. 수온 20℃ 이하의 찬물에서만 산다.

6~8cm   4~5월   국지회유

연준모치 무리 하천의 중층이나 바닥 근처에서 10~20여 마리 단위로 무리 생활을 한다.
빠르게 헤엄치고 위협을 느끼면 재빠르게 자갈 틈에 숨는다.

연준모치 섭식 수서곤충이나 돌 표면에 붙어
자라는 조류(화살표), 갑각류 등을 먹는다.

연준모치와 금강모치 지역에 따라
금강모치(화살표)와 같이 살기도 한다.

서해와 남해, 동해 중 · 남부로 유입되는 하천에 분포한다. 최상류에서 중류까지 서식 범위가 넓다.

버들치 <small>잉어과 | 황어아과</small>

Chinese minnow

제주도

분포 동해 북부 연안으로 흐르는 하천을 제외한 한반도 전 수역 (국외: 일본, 중국)
생활 하천의 중 · 하층
먹이 수서곤충, 부착 조류, 갑각류 등

몸은 유선형이다. 몸에 작은 반점이 흩어져 있다. 번식기에 수컷의 머리에는 작은 돌기가 생긴다. 돌 틈을 민첩하게 헤엄쳐 다니며 모래와 자갈이 깔린 곳에서 암수가 집단으로 산란한다. 산간의 계류나 하천 상류 지역에 주로 살지만 하천 중류나 댐, 저수지 등의 다양한 환경에 적응하여 산다.

6~12cm   4~5월   국지회유

돌 틈의 버들치 무엇인가에 놀라면 무리가 흩어져 돌 틈이나 낙엽 사이로 들어가 숨었다가 진정되면 밖으로 나와 다시 무리 짓는다.

버들치 무리 은신처 주변에서 10~20마리 단위로 무리 지어 산다.

동해 북부로 유입되는 하천과 임진강 상류에 분포한다. 버들치보다 몸이 길고
몸에 굵은 줄무늬가 있다.

버들개 <small>잉어과 | 황어아과</small>

Korean minnow 고유

분포 임진강 상류, 강릉 남대천 이북의 동
해 북부로 흐르는 하천 (국외: 일본, 중국)
생활 하천의 중·하층
먹이 수서곤충, 부착 조류, 갑각류 등

 12cm   4~6월 국지회유

버들치와 매우 유사하나 주둥이가 더 뾰족하고 몸이 길다.
몸 가운데에는 암갈색의 굵은 줄무늬가 꼬리지느러미 앞까
지 있고 온몸에 작은 반점이 흩어져 있다. 물이 차고 깨끗한
곳에 무리 지어 살며 번식기에 유속이 느린 여울의 자갈 위
에 집단으로 산란한다.

 환경부는 본 종의 학명을 *Rhynchocypris Steindachneri*로 기재하고 있다. 이 경우 고유종에서 제외된다.

버들개 물이 맑고 찬 여울의 돌이 많은 곳에 산다.

버들개와 황어 황어 유어와 같이 유영하는 버들개(화살표).

한강과 임진강, 금강의 상류, 북한의 대동강, 압록강 등에 분포한다.

금강모치 잉어과 | 황어아과

Kumgang fat minnow

고유

제주도

분포 한강, 임진강 상류, 금강 상류, 북한의 대동강, 압록강
생활 하천의 중층
먹이 수서곤충, 육상 곤충, 부착 조류, 갑각류 등

몸은 유선형이다. 몸 가운데에 금색과 주황색 줄무늬가 있다. 주황색 줄무늬는 번식기에 더 뚜렷해진다. 암컷이 자갈을 파고 들어가 알을 낳으면 여러 마리의 수컷이 방정한다. 북한 학자(김리태, 1980)에 의해 명명된 신종으로 모식지는 북한강으로 흘러드는 금강산의 내금강 하천이다.

 7~10cm 4~5월 국지회유

금강모치 무리 무리 지어 생활하며 하천의 중층을 유영한다. 몸에 금색과 주황색의 줄무늬가 있다.

금강모치 치어 여울 주변의 얕은 소(沼)에 모여 있는 치어들.

강원도 고성군 송현천 이북의 하천과 동한만으로 유입되는 하천에 분포한다(사진 제공: 김주홍).

버들가지 잉어과 | 황어아과

Black star fat minnow

고유 멸종II

분포 강원도 고성군 송현천 이북 하천과 동한만으로 흐르는 하천
생활 하천의 중·하층
먹이 수서곤충, 부착 조류

몸은 길고 뒷부분은 옆으로 약간 납작하다. 버들치와 생김새는 매우 비슷하나 등지느러미 밑부분에 검은색 반점이 있고 비늘은 좀 더 크며 윤곽이 뚜렷하다. 위턱이 아래턱보다 길다. 몸 색깔은 진한 갈색이고 배 쪽은 연한 갈색이다. 물이 찬 산간 계류에 무리 지어 살며 번식기에 수컷의 머리에 돌기가 생긴다.

6~10cm   4~5월   국지회유

44

버들치속 어류 비교

버들치(38쪽 참조)
꼬리지느러미가 완만하게 파였다.
몸에 작은 반점이 흩어져 있다.

버들개(40쪽 참조)
주둥이가 뾰족하다.
몸 가운데에 줄무늬가 있다.

버들피리(70쪽 참조)
눈이 크고 꼬리자루가 가늘다.
꼬리지느러미가 깊이 파였다.

금강모치(42쪽 참조)
몸 가운데에
금색과 주황색 줄무늬가 있다.

버들가지
비늘이 크다. 등지느러미 기부에
검은색 반점이 있다.

한강, 임진강, 삼척 오십천 이북의 하천, 북한의 압록강, 대동강, 장진강 등에 분포한다.

새미 잉어과 | 모래무지아과

Tachanovsky's gudgeon

몸은 길며 옆으로 약간 납작하다. 입수염은 1쌍이다. 물이
찬 하천 상류의 모래와 자갈이 있는 곳에 무리 지어 산다.
번식기에 수컷은 수직으로 선 자세에서 꼬리지느러미로 자
갈 틈을 벌려 산란장을 만들고 암컷이 산란한다. 수컷은 산
란 후 자갈 틈을 메운다. 이때 수컷의 주둥이에는 돌기가 발
달하고 지느러미는 빨갛게 된다.

분포 한강, 임진강, 삼척 오십천 이
북의 하천, 북한의 압록강, 대동강,
장진강 (국외: 중국)
생활 하천의 중·하층
먹이 부착 조류, 수서곤충

10~12cm

6월

국지회유

46

새미 비늘은 상류에 사는 다른 물고기에 비해 비교적 크다.

새미 무리 유속이 약간 느린 여울 주변에서 무리 지어 생활한다.

한강 이북의 서해 연안으로 유입되는 하천에 산다.

대륙종개 종개과

Continental stone loach

몸은 가늘고 길며 원통형이다. 입수염은 3쌍이다. 몸 색깔은 황갈색이고 진한 갈색의 얼룩무늬가 있다. 물이 깨끗한 하천의 유속이 빠르고 돌과 자갈이 깔린 곳에 산다. 번식기에 수컷은 아가미 주변과 가슴지느러미에 융모처럼 생긴 돌기가 발달한다.

분포 한강, 인진강, 낙동강 상류, 삼척 오십천, 압록강, 대동강, 장진강 (국외: 중국)
생활 하천의 저층
먹이 수서곤충, 부착 조류

12~20cm   4~5월   국지회유

48

대륙종개 몸의 무늬 온몸에 얼룩무늬가 있다.

대륙종개 수컷 암컷에 비해 가슴지느러미가 길고 번식기에 돌기가 생긴다.

서식지 여울의 돌 밑에서 생활한다.

49

동해 북부로 유입되는 하천을 제외한 한반도 전 수역에 분포한다.

미유기 메기과

Slender catfish

고유

분포 동해 북부로 흐르는 하천을 제외한 한반도 전 수역
생활 하천의 저층
먹이 수서곤충, 작은 물고기

체형은 메기와 비슷하나 더 홀쭉하다. 입수염은 2쌍이다. 등지느러미는 매우 작다. 하천 상류의 물이 맑고 바위와 돌이 있는 곳에 살며 낮에는 바위나 돌 틈에 있다가 밤에 먹이를 찾아 활동한다. 번식기에 수컷이 암컷의 몸을 감고 조여 산란하게 한다. 산에 사는 메기라 해서 '산메기'라고도 부른다.

25cm   4~6월   국지회유

미유기 메기보다 몸이 홀쭉하고 몸집이 작다.

미유기 윗모습 밤에 주로 활동하며 긴 수염으로 장애물을 탐지하고 먹이를 찾는다.

금강, 섬진강, 낙동강, 양양 남대천 및 동해 중부 연안으로 유입되는 하천에 분포한다.

자가사리 퉁가리과

South torrent catfish

고유

몸의 앞부분은 원통형이고 뒷부분은 옆으로 납작하다. 입수염은 4쌍이고 위턱이 아래턱보다 길다. 몸 색깔은 황갈색이다. 하천 상류의 물이 맑고 돌과 자갈이 있는 곳에 살며 야행성이다. 번식기에 암컷은 돌 밑에 산란하고 그 자리를 지킨다. 가슴지느러미에 가시가 있어 피부에 찔리면 통증을 느낀다.

분포 금강, 섬진강, 낙동강, 양양 남대천 및 동해 중부로 흐르는 하천
생활 하천의 저층
먹이 수서곤충

 6~10cm   4~6월   국지회유

자가사리 입수염 낮에는 돌 밑에서 머물고 밤에 많이 활동한다. 발달한 4쌍의 입수염으로 장애물과 먹이를 탐지한다.

이동 중인 자가사리 입수염을 활발히 움직이면서 돌 사이를 이동하는 자가사리.

한반도 동해 남부의 일부 하천에 드물게 분포한다.

동방자가사리 통가리과

Eastern torrent catfish

고유

분포 형산강, 태화강 등 동해 남부로
흐르는 하천
생활 하천의 저층
먹이 수서곤충

몸의 앞부분은 원통형이고 뒷부분은 옆으로 납작하다. 입수
염은 4쌍이고 위턱이 아래턱보다 길다. 몸 색깔은 황갈색이
다. 하천 상류의 물이 맑고 돌과 자갈이 있는 곳에 살며 야행
성이다. 통가리과(科) 어류 중 몸집이 가장 작다. 동해 남부
연결 하천에 드물게 분포한다. 2015년 신종으로 기록되었다.

 8~10cm   4~6월   국지회유

54

한강, 낙동강 최상류와 북한의 서해로 흐르는 하천 최상류 지역에 분포한다.

열목어 연어과

Manchurian trout

멸종 II 천연

분포 한강 최상류, 낙동강 상류, 북한의 주요 수계 (국외: 중국, 러시아)
생활 하천의 중층
먹이 수서곤충, 작은 물고기, 작은 동물

몸은 길고 유선형이다. 몸의 뒷부분에 기름지느러미가 있다. 몸 색깔은 황갈색이며 등은 푸른색, 배는 은백색이다. 몸에 눈동자처럼 생긴 무늬가 있다. 하천 최상류 산간의 수온이 낮아 용존 산소가 풍부한 곳에 산다. 산란 시 암수가 짝지어 여울가의 자갈을 꼬리지느러미로 파헤쳐 알을 낳고 방정한다.

 70cm   4~5월   국지회유

바위 밑의 열목어 큰 돌이나 바위 밑의 공간은 급류에 사는 열목어의 쉼터이다.
최상류의 냉수대에 사는 북방계 어류이다.

산란처로 향하는 열목어 낙차 큰 폭포를 만난 열목어. 하천 곳곳에서 흩어져 살다가
번식기에 무리를 이루어 산란처로 이동한다.

56

열목어 유어 부화한 지 5개월 된 열목어 새끼들(화살표).

산란처로 연결된 물길 열목어들은 산란처로 오르면서 여러 난관을 거친다.

57

울진 이북의 동해 중부와 동해 북부 연안으로 유입되는 하천과 북한의 두만강에 분포한다.
회유 어종으로, 바다로 나가지 않고 하천에서 일생을 사는 송어를 '산천어'라 부른다.

산천어(송어) 연어과

River salmon, Trout

제주도

분포 울진 이북의 동해 중·북부로
흐르는 하천, 북한의 두만강 (국외: 일
본, 러시아, 알래스카)
생활 하천의 중층
먹이 수서곤충, 물고기

몸은 길고 유선형이다. 가을에 부화한 새끼는 이듬해 봄에 바
다로 간다. 하천에 남는 무리를 '산천어', 바다로 가는 무리를
'송어'라 하며 봄과 여름 사이에 회귀하여 가을에 산란한다.
하천에 남은 무리와 만나기도 한다. 성어가 된 산천어의 몸에
는 파마크가 남아있다. 영서 내륙의 여러 하천에 이식되었다.

산천어: 20cm
송어: 60cm

9~10월

국지회유(산천어)
소하회유(송어)

산천어 유어 바다로 나가는 송어의 경우 몸의 반점(파마크)의 색은 점차 옅어지고
몸은 은빛으로 바뀐다.

산천어 유어 무리 4월 초순의 부화한 지 5~6개월 된 유어들. 바다로 나가는 개체들은
이때부터 서서히 하천의 하류 쪽으로 이동한다.

한강, 금강, 낙동강 등 수계에 양식장을 이탈한 개체들이 자연에 적응해 살고 있다.

무지개송어 연어과

Rainbow Trout

외래

분포 한강, 금강, 낙동강 (국외: 북미 서부 태평양 연안 수계(원산지))
생활 하천의 중층
먹이 수서곤충, 물고기

몸은 길고 유선형이다. 꼬리자루에 기름지느러미가 있다. 몸 색깔은 녹갈색이며 몸통에 주홍색 줄무늬가 있고 검은색의 작은 반점이 밀집되어 있다. 1965년 식용을 목적으로 미국에서 반입하여 양식을 시작하였으며 양식 중 이탈한 개체들이 우리나라 자연환경에 적응하여 살고 있다.

자연산: 80~100cm
양식종: 30~50cm
자연산: 4~5월
양식종: 9~11월
국지회유

대형 무지개송어 원산지에는 몸길이 80cm를 넘는 개체들이 많은 것으로 알려져 있다.

무지개송어 유어 세로로 된 타원형의 파마크가 선명하다. 파마크는 성장하면서 없어진다.

북방계 냉수성 어종으로 한반도 최북단의 일부 수계에 산다.

홍송어(육봉형) 연어과

White spotted char

제주도

분포 동해 북부의 최북단 연안 유입 수계 (국외: 일본, 러시아 극동 지역 및 부속 도서)
생활 하천의 중층
먹이 수서곤충, 물고기

몸은 길고 유선형이며 기름지느러미가 있다. 몸에는 흰색의 작은 반점이 밀집해 있다. 냉수성 어류로 알에서 부화한 뒤 2년 정도 태어난 하천에서 살다가 일부는 하천에 남고 바다로 진출하며, 2~3년 더 성장하여 초가을 무렵 산란하러 강을 오른다. 북한의 두만강에 출현했다는 기록이 있다.

30~70cm

8월(추정)

국지회유(육봉형)
소하회유

한강 및 낙동강 최상류. 동해안 일부 하천과 북한에 분포한다. 냉수성 어종으로
여울의 큰 돌 밑에 산다.

둑중개 둑중개과

Yellow fin sculpin

고유

제주도

분포 한강 및 낙동강 최상류, 동해안
일부 하천, 북한의 주요 수계 (국외:
아무르강(흑룡강))
생활 하천의 저층
먹이 수서곤충

몸은 원통형이고 머리와 입이 크다. 제2등지느러미는 길다.
몸 색깔은 녹갈색이고 그보다 연하거나 진한 반점이 흩어져
있다. 물이 차며 맑고 유속이 빠른 상류의 돌 틈에 살며, 번
식기에 수컷은 큰 돌 밑에 공간을 만들어 여러 마리의 암컷
이 알을 낳게 하고 방정하여 수정된 알을 지킨다.

15cm   3~4월   국지회유

63

둑중개 앞모습 수서곤충을 먹고 사는 육식어이다.

돌 밑의 둑중개 돌 밑의 공간은 거처이며 산란처를 겸한다.

둑중개 서식지 경기도 남양주시 내방리.

02

하천 중상류에서
만나는 물고기

중상류의 환경

상류와 중류의 중간 구역이다. 물의 양이 점차 늘어나며 지류와는 거의 직각으로 만난다.
하나의 사행(곡선) 구간에 여러 개의 여울과 소(沼)가 있다. 바닥은 큰 돌과 자갈로 구성되
어 있다. 유영성 어류와 돌 틈에 사는 저서성 어류가 산다.

제주도와 북한의 압록강을 제외한 전국의 하천에 분포한다.

다묵장어 칠성장어과

Sand lamprey

멸종 II

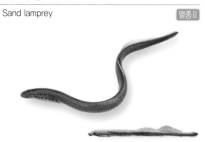

제주도

분포 제주도와 북한의 압록깅 수계를 제외한 전국의 하천 (국외: 일본, 중국, 러시아 연해주)
생활 하천의 저층
먹이 진흙이나 모래 속의 유기물(유생기)

입은 동그랗고 빨판으로 되어 있으며 턱이 없는 원시 어류이다. 7쌍의 아가미구멍으로 호흡한다. 일생을 하천에서 살며 모래나 진흙 속에서 유생으로 3년을 살다가 4년째 되는 해 가을에 성어로 변태한다. 유생기에는 유기물을 먹고 변태 후에는 아무것도 먹지 않는다. 암수가 집단으로 뒤엉켜 산란한다.

20cm   4~6월   국지회유

다묵장어 유영 몸을 좌우로 흔들어 생긴 추진력으로 앞으로 나아가며 부상력은 약해 바닥에 거의 붙어 유영한다. 턱이 없는 원구류(圓口類)로 칠성장어와 함께 원시적 형태의 어류로 분류된다.

다묵장어 유생 성어로 변태하기 전의 유생(ammocoetes). 눈이 열리지 않았다(원).
모래나 진흙 속에서 3년을 지낸다.

한강, 임진강, 낙동강, 북한의 압록강, 두만강에 분포한다.

버들피리 잉어과 | 황어아과

Amur minnow

제주도

분포 한강, 임진강, 낙동강, 북한의 압록강, 두만강 (국외: 일본, 중국, 아무르강 수계)
생활 하천의 중·하층
먹이 수서곤충, 소형 갑각류, 부착 조류

몸은 길고 뒷부분은 옆으로 납작하다. 주둥이는 약간 뾰족하다. 버들개와 매우 닮았으나 버들개보다 눈이 크고 꼬리자루가 길고 가늘며 꼬리지느러미는 더 깊게 파였다. 2015년 버들개 집단 중 이러한 차이를 보이는 집단이 발견되어 버들개와 분리하고 이름을 '버들피리'로 부여하는 것이 제안되었다.

 7~10cm　 5~6월　● 정보없음

70

한강 수계에만 분포하는 것으로 알려졌으나, 충남 예산과 보령에도 분포하는 것이 확인되었다.

한강납줄개 잉어과 | 납자루아과

Hangang bitterling

고유 멸종II

분포 한강 중·상류, 충남 예산, 보령
생활 하천의 중층
먹이 수서곤충, 부착 조류

몸은 옆으로 납작하다. 비늘은 광택이 있고 흑색소포가 많아 몸 색깔이 어둡다. 몸통에 파란색 줄무늬가 있다. 물이 깨끗한 하천의 수초 지대에 무리 지어 살며 번식기에 암컷은 긴 산란관을 이용해 하천에 사는 조개의 몸 안에 알을 낳는다. 조개 안에서 부화한 새끼는 한 달 정도 후 조개 밖으로 나온다.

5~9cm 4~6월 국지회유

71

산란 직전의 한강납줄개 암컷 긴 산란관 끝에 알이 보인다.

한강납줄개 먹이 활동 먹이 활동 중인 한강납줄개 무리.

작은말조개 석패과의 민물조개. 납자루류와 중고기류 어류의 산란처이다.

한강납줄개 서식지 강원도 횡성군 강림면.

한강, 임진강, 북한의 대동강, 압록강 등에 분포한다. 등지느러미의 황색 띠가 특징이다.

묵납자루 잉어과 | 납자루아과

Korean bitterling

고유 멸종II

몸은 옆으로 납작하고 입수염은 1쌍이다. 등은 동그랗고 등
지느러미 둘레에 황색 띠가 있다. 번식기에 수컷은 암컷과
산란처인 민물조개를 차지하기 위해 서로 다툼을 벌이는데
지느러미를 활짝 펴 몸을 크게 보이게 하거나 커진 주둥이
돌기로 상대를 들이받고, 지느러미를 물어뜯기도 한다.

분포 한강, 임진강, 북한의 대동강,
압록강
생활 하천의 중층
먹이 수서곤충, 부착 조류

6~10cm   5~6월   국지회유

묵납자루 산란 전 행동 수컷에 둘러싸인 암컷이 작은말조개를 살피고 있다.

1년생 산란 참여 1년생의 어린 개체(화살표)들도 산란에 참여한다.

75

금강, 만경강, 웅천천에 분포한다. 돌고기와 쉬리의 특징이 혼합된 외형을 가졌다.

감돌고기 잉어과 | 모래무지아과

Black shinner

고유 멸종I

체형은 돌고기와 비슷하나 주둥이가 둥글고 가슴지느러미를 뺀 각 지느러미에 줄무늬가 있다. 입수염은 1쌍이고 매우 짧다. 번식기에 수컷의 주둥이는 튀어나오며 몸은 암갈색을 띤다. 돌고기나 가는돌고기처럼 껑지 수컷이 수정란을 지키고 있는 산란장에 몰려와 알을 낳고 나오기도 한다.

분포 금강, 만경강, 웅천천
생활 하천의 중층
먹이 수서곤충, 부착 조류

7~10cm   4~6월   국지회유

76

감돌고기 먹이 활동 이끼 틈새의 먹이를 찾는 감돌고기. 이끼가 뜯긴 흔적(화살표)이 보인다.

감돌고기 유영 이끼가 덮인 바위에 바짝 붙어 유영하는 감돌고기 무리.

감돌고기 무리 보통 10마리 내외로 구성된 무리가 3∼5마리 단위로 나뉘었다가
합치는 것을 반복한다.

한강과 임진강에 분포한다.

가는돌고기 잉어과 | 모래무지아과

Slender shinner [고유] [멸종II]

몸은 가늘고 길며 원통형이다. 짧은 입수염이 1쌍 있다. 주
둥이 끝에서 꼬리지느러미 앞까지 검은색 줄무늬가 있다.
물이 맑은 하천 중·상류의 여울에 무리 지어 살며 바위나
돌에 붙은 부착 조류, 수서곤충을 먹고 산다. 꺽지의 알자리
에 알을 낳는 습성이 있다.

분포 한강, 임진강
생활 하천의 중층
먹이 수서곤충, 부착 조류

8~10cm　　5~7월　　국지회유

가는돌고기 유영 가늘고 긴 체형은 유속이 빠른 여울에서 생활하기에 적합하다.

가는돌고기 먹이 활동 해 질 무렵 가는돌고기 무리가 활발하게 먹이 활동을 하고 있다.

서해 중부와 동해 중부 연안으로 유입되는 하천과 낙동강 상류에 분포한다.

쉬리 잉어과 | 모래무지아과

Korean shinner

고유

분포 한강, 임진강, 금강, 만경강, 웅천천, 낙동강 상류, 동해 중부로 흐르는 일부 하천, 북한의 예성강
생활 하천의 중층
먹이 수서곤충, 작은 동물

몸은 길며 원통형이다. 입수염은 없다. 각 지느러미에 검은색의 점줄무늬가 있다. 푸른색, 황색, 갈색 등의 줄무늬가 몸을 가로질러 있으며 번식기에는 줄무늬의 색이 진해진다. 물이 맑고 자갈이 깔린 여울에 모여 살며 빠르게 유영한다. 쉴 때에는 돌 위에서 짝지느러미를 활짝 펴고 몸을 지탱한다.

 10~15cm
 4~5월
 국지회유

82

돌 틈의 쉬리 물 흐름이 느려진 돌 틈에 내려앉은 쉬리.

큰 돌 위의 쉬리 무리 헤엄치다 쉴 때면 돌 표면에 내려앉아 몸통 아래의 지느러미(짝지느러미)를 곧추 펴고 몸을 고정한다.

낙동강, 섬진강, 섬진강 주변의 남해로 유입되는 하천에 분포한다.

참쉬리 잉어과 | 모래무지아과

Korean bluish shinner 고유

몸의 등 쪽은 광택이 있는 황색이고 아래로 푸른색, 금색 등의 줄무늬가 있다. 산란기에는 암수 모두 푸른색의 줄무늬가 주황색으로 바뀐다. 각 지느러미에는 검은색 점줄무늬가 있다. 쉬리와는 등지느러미와 꼬리지느러미의 무늬, 몸통의 줄무늬 색이 구분되어 2015년 신종으로 기록되었다.

분포 낙동강, 섬진강과 인근 남해로 흐르는 하천
생활 하천의 중층
먹이 수서곤충, 작은 동물

 10~13cm 4~5월 국지회유

쉬리와 참쉬리 구분

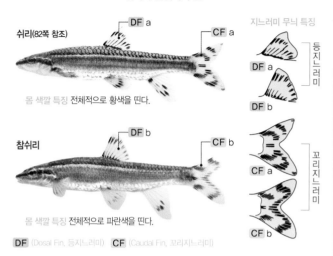

쉬리(82쪽 참조)

DF a CF a

몸 색깔 특징 전체적으로 황색을 띤다.

참쉬리

DF b CF b

몸 색깔 특징 전체적으로 파란색을 띤다.

지느러미 무늬 특징

DF a
DF b
등지느러미

CF a
CF b
꼬리지느러미

DF (Dosal Fin, 등지느러미) **CF** (Caudal Fin, 꼬리지느러미)

● 쉬리와 참쉬리의 분포지

■ **쉬리** 한강, 임진강, 금강, 웅천천, 북한의 예성강
(낙동강 상류와 동해 중부 연안 유입 수계는 이식)
■ **참쉬리** 낙동강, 섬진강, 섬진강 인근 하천

● 쉬리와 참쉬리의 잡종 개체 출현

1990년대 낙동강 상류의 황지천(화살표)에 유독 물질인 황산이 유입되어 어류가 대량 폐사하는 사고가 몇 차례 있었다. 유역의 주민들은 어류 복원 대책으로 한강 수계에서 채집된 어류를 구매해 이를 황지천에 방류하였다. 이때 함께 방류된 쉬리와 낙동강 참쉬리의 자연 교배로 잡종 개체가 다수 출현하였으며, 출현 지역이 확대되고 있음이 이후 조사로 밝혀졌다(송과 김, 서, 방. 2017). 한편에서는 두 종이 생식적으로 격리되지 않은 점을 들어 별개 종이 아닌 아종으로 여긴다. 참쉬리는 송과 방(2015)에 의해 쉬리속(屬)의 신종으로 등록되었다.

쉬리 분포 수계

참쉬리 분포 수계

*2020 국가생물종목록(환경부)에 쉬리와 참쉬리는 별개의 종으로 기재되어 있다.

서해와 남해로 유입되는 하천에 분포한다.

참마자 잉어과 | 모래무지아과

Long nose barbel

몸은 길며 옆으로 약간 납작하다. 주둥이는 길고 뾰족하며
입수염은 1쌍이다. 몸에는 눈동자만 한 흐린 반점이 8~10개
있으며 각각의 비늘에는 검은색 작은 반점이 뚜렷하다. 등지
느러미와 꼬리지느러미에 줄무늬가 있다. 물이 맑은 여울이
나 주변의 소(沼)에 살며 모래나 자갈 위에 알을 낳는다.

분포 서해와 남해로 흐르는 하천 (국
외: 일본, 중국, 아무르강 수계, 대만,
베트남)
생활 하천의 중·하층
먹이 수서곤충, 소형 갑각류, 부착 조류

15~20cm   4~6월   국지회유

참마자 주로 바닥층에서 먹이를 찾으며 모래에 주둥이를 깊게 찔러 넣기도 한다.

참마자 유영 모래와 자갈이 깔린 곳에 주로 산다.

한강, 임진강, 금강, 북한의 예성강에 분포한다. 번식기에 암컷은 산란탑을 쌓는다.

어름치 잉어과 | 모래무지아과

Korean spotted barbel

고유 천연

분포 한강, 임진강, 금강, 북한의 예성강
생활 하천의 중층
먹이 수서곤충, 소형 갑각류

몸은 원통형이고 입수염은 1쌍이다. 작은 반점이 많고 가슴지느러미를 제외한 지느러미에 줄무늬가 있다. 암컷은 산란기에 여울가의 바닥에 구덩이를 파 알을 낳고, 수컷이 방정하면 돌과 모래를 물어다 알을 덮는다. 그 위에 몇 차례 더 산란하여 높이 20cm 정도의 돌탑을 만든다.

 20~45cm 4~5월 국지고유

어름치 성어 비교적 큰 하천에 살며 2~3마리씩 함께 다닌다. 늦가을쯤 수심이 깊은 곳으로 이동해 겨울을 난다. 네모 안은 어름치의 산란탑.

어름치 치어 산란 후 약 17℃ 수온에서 1주일이면 부화한다. 난황을 흡수한 치어들은 부상하여 유영하며 무리를 이룬다.

낙동강과 섬진강 수계에 드물게 분포한다.

모래주사 잉어과 | 모래무지아과

Korean southern gudgeon

고유 멸종 I

분포 낙동강, 섬진강
생활 하천의 저층
먹이 수서곤충, 소형 갑각류, 부착 조류

8~10cm   4월 말~5월 초   국지회유

몸은 원통형이고 입수염은 1쌍이다. 등과 몸통의 가운데에
진한 갈색 반점이 있다. 배에도 비늘이 있다. 유속이 빠른
여울의 돌 틈에 산다. 번식기에 수컷의 몸은 매우 붉어지며
암컷이 작은 자갈 틈을 파고 들어가 알을 낳으면 뒤따르던
여러 마리의 수컷이 방정하여 수정한다.

90

한강, 임진강, 금강, 북한의 대동강, 예성강에 분포한다. 금강에서는 1987년 이후로
발견되지 않고 있다.

배가사리 잉어과 | 모래무지아과

Large fin gudgeon

고유

분포 한강, 임진강, 금강, 북한의 대
동강, 예성강
생활 하천의 저층
먹이 부착 조류

몸은 길고 앞부분이 굵다. 입수염은 1쌍이다. 몸에 진한 갈
색 반점이 있다. 등지느러미 둘레는 둥글다. 물이 맑은 하천
의 여울에 모여 산다. 번식기에 수컷의 등지느러미는 마치
부채를 펼친 것처럼 커지며 바닥의 돌과 자갈에 산란한다.
모래주사속(屬) 어류 중에 몸집이 가장 크다.

8~15cm | 5~7월 | 국지회유

91

배가사리 먹이 활동 일몰 전 먹이 활동이 한창인 배가사리. 돌 표면을 갉은 흔적(화살표)이 보인다.

배가사리 무리 바위 표면의 배가사리들.

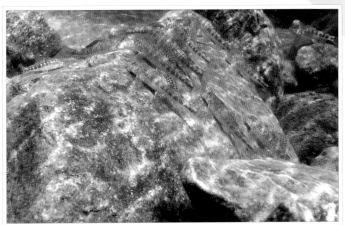

배가사리 무리 무리가 함께 헤엄치고 쉴 때도 표면이 넓은 돌이나 바위에 동시에 내려앉는다.

배가사리 집단 유영 저층에서 생활하면서 비교적 활발하게 헤엄친다.

한반도 최북단의 두만강 상류역에 분포한다.

두만강자그사니 잉어과 | 모래무지아과

Tumen river barbel

고유

몸은 길고 원통형이다. 입수염은 1쌍이고 굵다. 등지느러미
와 뒷지느러미의 끝은 약간 오목하다. 몸은 황갈색이고
10~11개의 눈동자 크기만 한 검은색 반점이 있다. 등지느러
미와 꼬리지느러미에 짧은 줄무늬가 있다. 물이 맑은 하천
중·상류의 모래와 자갈이 깔린 곳에서 산다. 두만강에 분
포한다.

분포 북한의 두만강
생활 하천의 저층
먹이 수서곤충, 부착 조류

15cm   5~6월   국지회유

94

두만강자그사니 겨울에는 수심이 깊은 곳으로 이동해 월동하는 것으로 알려진다.

두만강자그사니 머리 정면

두만강자그사니 머리 측면 입수염이 굵고 길다.

서해 중부로 흐르는 하천에 분포한다.

꾸구리 잉어과 | 모래무지아과

Cat's eye eightbarbel gudgeon 고유 멸종II

분포 한강, 임진강, 금강, 북한의 예
성강
생활 하천의 저층
먹이 수서곤충

몸은 원통형이고 입수염은 4쌍이다. 가슴지느러미는 크고 강
하다. 등지느러미 뒤쪽으로 3마디의 흑갈색 무늬가 있다. 담
수어 중 유일하게 빛의 양에 따라 눈의 피막을 여닫는다. 물
이 맑고 유속이 빠른 여울에 살며 빠른 헤엄으로 돌 사이를
이동한다. 자갈 틈에 알을 낳는다. 밤에 먹이 활동을 한다.

7~12cm   4~6월   국지회유

돌 틈의 꾸구리 유속이 빠른 여울의 돌 밑에 주로 머물며, 물살을 거슬러 이동할 때는
가까운 거리의 돌 밑으로 빠르게 헤엄쳐 가며 단계적으로 거리를 늘린다.

눈의 피막을 조절하는 꾸구리 빛의 양에 따라 눈의 피막을 좌우로 조절하여 여닫는다.
어두운 돌 밑에 머물 때나 밤에는 피막을 개방한다(원).

97

한강, 임진강, 금강, 북한의 예성강에 분포하며 유속이 빠른 여울에서 꾸구리와 같이 산다.

돌상어 잉어과 | 모래무지아과

Short eightbarbel gudgeon

고유 멸종 II

분포 한강, 임진강, 금강, 북한의 예성강
생활 하천의 저층
먹이 수서곤충

몸은 원통형이고 머리는 위아래로 납작하다. 짧고 뻣뻣한 입수염이 4쌍 있다. 가슴지느러미 기조는 길고 강하다. 등과 몸통 가운데에는 진한 갈색 반점이 있다. 물이 맑고 유속이 빠른 여울에서 꾸구리와 같이 살며 돌 밑에 알을 낳는다. 여울에서 큰 가슴지느러미로 물살을 탄다.

 10~13cm 4~6월 국지회유

98

돌 틈의 돌상어 머리가 위아래로 납작하고 가슴지느러미가 크고 단단하여
빠른 물살의 저항을 이기고 자유롭게 헤엄칠 수 있다.

돌상어 유속이 더 빠르고 큰 자갈이 깔린 곳에서는 꾸구리보다 많이 발견된다.

돌상어 서식지 돌상어의 서식 환경이 조성된 큰 하천의 여울.
유속이 빠른 경사면에 자갈이 여러 층으로 깔려있다(원).

한반도 남부의 거의 전 수역에 분포한다.

참갈겨니 잉어과 | 끄리아과

Korean dark chub

고유

산란 성기 때의 수컷

분포 한반도 남부의 서해, 남해, 동해로 흐르는 하천
생활 하천의 중 · 상층
먹이 수서곤충, 육상 곤충, 부착 조류

 13~20cm   6~8월   국지회유

몸은 길고 옆으로 납작하다. 갈겨니보다 비늘 수는 적으며 몸에는 황색이 더 많다. 유속이 빠른 곳에 무리 지어 살며 번식기에 수컷의 턱과 눈 주변, 뒷지느러미에는 돌기가 생긴다. 이 무렵 등지느러미 색깔, 가슴지느러미 기조의 붉은색 띠 유무가 집단별로 달라 HK형, NS형, NE형으로 구분한다.

HK형: 한강과 금강, NS형: 낙동강과 섬진강, NE형: 낙동강과 동해안 수계 분포.

참갈겨니 갈겨니와 다르게 눈동자 위에 빨간색 무늬가 없고 배가 노랗다.

참갈겨니 무리 유속이 빠른 여울이나 그 주변에서 무리 지어 살며 수서곤충이나 물위로 낙하하는 육상 곤충, 부착 조류를 먹는다.

한강과 임진강, 낙동강 등의 상류에 분포한다.

새코미꾸리 미꾸리과

White nose loach

고유

몸은 길고 옆으로 약간 납작한 원통형이다. 주둥이는 길고 입수염은 3쌍이다. 몸 색깔은 주황색이며 진한 갈색의 작은 반점이 많다. 수컷의 가슴지느러미는 길다. 돌이나 자갈 틈, 모래 등을 파헤쳐 먹이를 얻는다. 번식기에 수컷은 암컷의 몸을 휘감아 조여서 산란하게 한 뒤 수정한다. 머리 가운데가 탈색되어 새의 부리처럼 보인다.

분포 한강, 임진강, 삼척 오십천, 낙동강 상류
생활 하천의 저층
먹이 수서곤충, 부착 조류

12~20cm

5~8월

국지회유

104

새코미꾸리 앞모습 머리 가운데에 연한 갈색의 줄무늬가 있다.

새코미꾸리 먹이 활동 돌 틈을 헤집고 다니면서 수서곤충이나 부착 조류를 먹는다.

낙동강에 분포한다. 얼룩무늬는 뒤쪽으로 갈수록 촘촘하다.

얼룩새코미꾸리 미꾸리과

Spotted white nose loach

고유 멸종 I

분포 낙동강
생활 하천의 저층
먹이 하루살이 및 깔따구 유충, 부착 조류

12~20cm   5~6월   국지회유

몸은 길고 원통형이며 옆으로 약간 납작하다. 주둥이는 길고 입수염은 3쌍이다. 기부에 골질반이 있는 수컷의 가슴지느러미는 암컷보다 길다. 몸 색깔은 황색이고 청갈색의 얼룩무늬가 있다. 유속이 빠르고 큰 돌과 자갈이 있는 곳에 살며 수컷이 암컷의 몸을 감아 알을 낳도록 조인다.

몸에 고드름 모양의 무늬가 있다.

참종개 미꾸리과

Korean spine loach 고유

분포 한강, 임진강, 금강, 만경강, 동진강, 삼척 오십천, 마읍천
생활 하천의 저층
먹이 수서곤충, 부착 조류

몸은 길고 옆으로 약간 납작하다. 입수염은 3쌍이다. 수컷의 가슴지느러미는 길다. 몸 색깔은 연한 황색이고 고드름 모양 무늬가 있다. 여울과 주변의 모래와 자갈이 있는 곳에 살며 모래를 입으로 흡입해 먹이는 삼키고 모래는 아가미로 내보낸다. 수컷은 암컷의 몸을 감아 알을 낳도록 조인다.

 10~18cm   5~6월   국지회유

107

참종개 수컷의 가슴지느러미 수컷의 가슴지느러미는 2번째 기조의 기부에 가늘고 긴 골질반이 있어 암컷보다 길이가 길다.

참종개 암수 자갈 사이를 들락거리며 활동한다.

참종개와 묵납자루 먹이 활동 중인 참종개와 산란 활동 중인 묵납자루.

참종개 먹이 활동 모래를 입 안에 넣어 먹이는 섭취하고 모래는 아가미로 내뱉는다.

전라북도 부안군 변산반도 국립공원에 위치한 백천에만 분포한다.

부안종개 미꾸리과

Buan spine loach

고유　멸종II

몸은 길고 옆으로 약간 납작하다. 입수염은 3쌍이고 수컷의
가슴지느러미는 암컷보다 길다. 몸 색깔은 밝고 황색이고 옆
줄 아래로 막대 모양 무늬가 있다. 물이 맑고 유속이 느린 곳
의 자갈과 모래 지대에 산다. 번식기에 수컷이 암컷의 몸을
감아 알을 낳도록 조인다. 전라북도 부안군 백천에서만 산다.

분포 전라북도 부안군 백천
생활 하천의 저층
먹이 수서곤충, 부착 조류

6~8cm　5월　국지회유

부안종개 암컷 포란 중인 부안종개 암컷. 암컷의 가슴지느러미(원).

부안종개 수컷 수컷의 가슴지느러미는 암컷보다 길다.

섬진강과 낙동강에 분포한다. 참종개속(屬) 어류 중 몸집이 가장 크다.

왕종개 미꾸리과

King spine loach

고유

몸은 길고 굵다. 입수염은 3쌍이고 수컷의 가슴지느러미는
골질반이 있어 암컷보다 길다. 몸 색깔은 연한 황색이고 옆
줄 아래로 붓끝 모양 무늬가 있으며 맨 앞부분의 무늬는 색
이 진하다. 유속이 느리고 자갈이 있는 곳에 살며 산란 행동
은 다른 미꾸리과(科) 어류와 같다.

분포 섬진강, 낙동강
생활 하천의 저층
먹이 수서곤충, 부착 조류

 10~18cm   5~7월   국지회유

112

왕종개 서식지 바닥에 자갈이 많이 깔린 왕종개 서식지.

강릉 남대천 이북의 하천에 분포한다. 유속이 느리고 모래가 많이 깔린 곳에 산다.

북방종개 미꾸리과

Northern spine loach 고유

몸은 길고 옆으로 납작하다. 입수염은 3쌍이다. 수컷은 골질
반이 있어 가슴지느러미가 길다. 몸은 연한 갈색이며 옆줄을
따라 역삼각형 또는 하트형 무늬가 있다. 물이 맑고 모래가
깔린 곳에 주로 산다. 매우 민첩하며 기척을 느끼면 모래 속
에 잘 숨는다. 산란 행동은 다른 미꾸리과(科) 어류와 같다.

분포 강릉 남대천 이북의 동해 북부
로 흐르는 하천
생활 하천의 중층
먹이 수서곤충, 부착 조류

8~10cm　　6~8월　　국지회유

114

북방종개 매우 빠르게 헤엄치며 모래 속으로 잘 숨는다.

북방종개 수컷 수컷의 가슴지느러미는 2번째 기조의 기부에 골질반이 있어 암컷보다 길다.

115

동해 남부로 유입되는 하천에 분포한다.

동방종개 미꾸리과

Eastern spine loach 고유

몸은 길고 옆으로 납작하다. 입수염은 3쌍이다. 수컷의 가슴 지느러미에 골질반이 있어 길고 끝이 뾰족하다. 몸은 연한 황색이며 끝이 둥글거나 뾰족한 무늬가 9~13개 있다. 유속 이 약간 느린 하천의 모래와 자갈이 깔린 곳에 산다. 산란 행동은 다른 미꾸리과(科) 어류와 같다.

분포 동해 남부로 흐르는 하천
생활 하천의 저층
먹이 수서곤충, 부착 조류

 10cm   6~7월   국지회유

동방종개 몸통 가운데의 무늬는 계절에 따라 위아래로 길이가 달라진다.

동방종개 수컷 수컷의 가슴지느러미는 암컷보다 길다. 미꾸리과(科) 어류의 수컷은 산란할 때 암컷의 복부를 자신의 몸으로 휘감아 조이는데 이때 긴 가슴지느러미로 암컷을 붙든다.

117

동해 남부 연안으로 유입되는 하천에 분포한다. 맨 아래의 점줄무늬는
번식기에 서로 이어진다.

기름종개 미꾸리과

Nakdong Spine loach

몸은 길고 옆으로 납작하다. 입수염은 3쌍이고 수컷의 가슴
지느러미는 암컷보다 길다. 몸 색깔은 연한 황색이고 모양
이 다른 4줄의 줄무늬가 있다. 이 줄무늬는 기름종개속(屬)
어류를 분류하는 단서가 된다. 유속이 느리고 모래가 있는
곳에 살며 산란 행동은 다른 미꾸리과(科) 어류와 같다.

분포 낙동강, 형산강, 태화강, 회야
강, 울진 왕피천
생활 하천의 저층
먹이 수서곤충, 부착 조류

10~15cm   5~6월   국지회유

기름종개 수컷 번식기가 가까워지면 아가미 덮개에 파란색 반점이 나타난다.

기름종개 번식기가 가까워지면 몸통 맨 아래의 점줄무늬는 이어진다.

참종개속 어류의 반문 형태

참종개속 어류의 몸 측면 상부에는 구름무늬가 있으며 옆줄 아래로 길거나 짧은 수직의 줄무늬가 있다. 반면 기름종개속 어류는 수평의 4줄로 이루어진 감베타 반문이 있다.

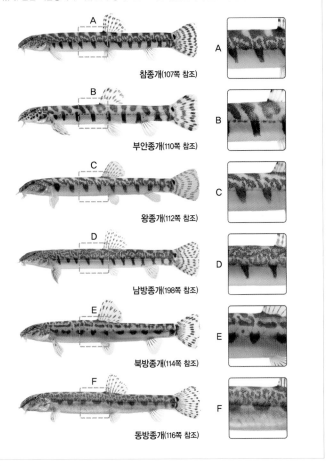

참종개(107쪽 참조)

부안종개(110쪽 참조)

왕종개(112쪽 참조)

남방종개(198쪽 참조)

북방종개(114쪽 참조)

동방종개(116쪽 참조)

기름종개속 어류의 반문 형태

기름종개속 어류의 몸 측면에는 모양이 각각 다른 4줄의 가로줄무늬가 있다. 이 줄무늬 조합을 감베타 반문(Gambetta's Zone, Fourth Gambetaly Pigmentaly Zone)이라고 부르며 종마다 고유한 패턴이 있어 이를 토대로 이 속의 종을 분류한다.

감베타 반문의 구성

줄무늬 ①번은 등의 중심선에 걸쳐진 무늬와 합친 형태이고 ②~④번은 독립되었다.

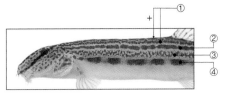

감베타 반문의 구성

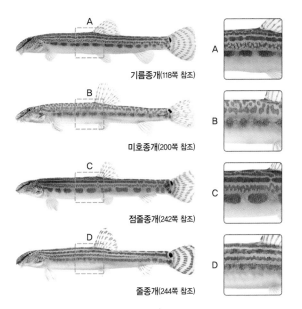

기름종개(118쪽 참조)

A

미호종개(200쪽 참조)

B

점줄종개(242쪽 참조)

C

줄종개(244쪽 참조)

D

*기름종개와 점줄종개는 반문이 매우 유사해 서식지로 구분하기도 한다.

121

낙동강에만 분포하며 큰 돌이 많은 곳에 산다.

수수미꾸리 미꾸리과

Nakdong multi-band loach

고유

몸은 길고 옆으로 납작하다. 짧은 입수염이 3쌍 있다. 몸 색깔은 황색이며 진한 갈색의 수직 줄무늬가 있다. 미꾸리과(科) 어류 수컷의 특성인 가슴지느러미 기부에 골질반이 없다. 유속이 빠르고 큰 돌이 있는 곳에 살며 돌 밑에 잘 숨는다. 겨울에 산란하며 산란 행동은 다른 미꾸리과(科) 어류와 같다.

분포 낙동강
생활 하천의 저층
먹이 수서곤충, 부착 조류

 15~18cm   11~1월 국지회유

수수미꾸리 돌에 붙어 자라는 조류나 수서곤충을 먹는다.

돌 틈의 수수미꾸리 번식은 늦가을에서 겨울 사이에 이루어진다.

전라남도 고흥반도와 인근 일부 섬의 작은 하천에 산다.

좀수수치 미꾸리과

Little loach

고유 멸종I

분포 전라남도 고흥반도(풍양), 거금
도, 금오도
생활 하천의 저층
먹이 수서곤충, 부착 조류

몸은 옆으로 납작하다. 입수염은 3쌍이다. 몸 색깔은 연한
황색이며 수직 줄무늬가 있다. 수컷 가슴지느러미에 골질반
이 없으며 암컷이 수컷보다 몸집이 크다. 자갈과 모래가 깔
린 곳에 살며 번식기에는 여울로 이동하는 것으로 추정된다
(고와 방, 2014). 미꾸리과(科) 어류 중 몸집이 가장 작다.

 5cm   6~7월 국지회유

124

좀수수치 수컷 다른 미꾸리과(科) 어류의 수컷 가슴지느러미에 있는 골질반이 없다.

좀수수치 번식기에는 여울로 이동해 산란하는 것으로 알려져 있다.

강릉 남대천 이북의 하천에 분포한다.

종개 종개과

Siberian stone loach

분포 강릉 남대천 이북의 동해 북부
로 흐르는 하천 (국외: 일본, 중국, 러
시아)
생활 하천의 저층
먹이 수서곤충 유충

몸은 가늘고 길며 원통형이다. 머리는 위아래로 약간 납작
하고 입수염은 3쌍이다. 몸 색깔은 황갈색이며 얼룩무늬는
대륙종개보다 크다. 번식기에 수컷의 아가미와 가슴지느러
미에 추성인 돌기가 나타난다. 물이 맑고 유속이 빠른 여울
의 돌 틈에 산다.

10~15cm

5~7월

국지회유

126

종개 몸의 얼룩무늬는 개체마다 모양과 크기가 조금씩 다르나 대륙종개에 비해 대체로 크다.

돌 틈의 종개 돌 사이를 옮겨 다니면서 먹이를 찾는다.

127

서해와 남해로 유입되는 하천에 분포한다.

눈동자개 동자개과

Black bullhead 고유

몸은 길고 원통형이며 입수염은 4쌍이다. 몸 색깔은 진한 갈
색이고 부분적으로 연한 부위가 있다. 유속이 빠르지 않고
바위와 돌이 있는 곳에 살며 낮에는 바위틈에 머물다가 밤에
나와 활동한다. 번식기에 바닥에 구덩이를 파고 산란한다.
겨울에는 수심이 깊은 곳의 돌 아래에서 무리 지어 지낸다.

분포 서해와 남해로 흐르는 하천
생활 하천의 저층
먹이 수서곤충, 작은 물고기

30cm   5~7월   국지회유

128

눈동자개 동자개보다 몸이 홀쭉하고 꼬리지느러미 끝이 둥글다.

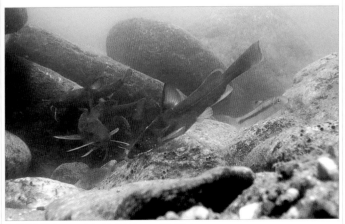

눈동자개 무리 큰 돌 밑에 머물면서 밖으로 자주 나온다.

낙동강에 분포한다. 경상북도 포항의 곡강천에는 이식되었다.

꼬치동자개 동자개과

Korean stumpy bullhead   고유 멸종I 천연

분포 낙동강, 포항 곡강천(이식)
생활 하천의 저층
먹이 수서곤충, 물고기 알, 작은 물고기

몸은 원통형이다. 입수염은 4쌍이다. 몸 색깔은 연한 갈색이며 진한 갈색의 큰 무늬가 있다. 물이 맑고 유속이 느린 하천의 큰 돌과 자갈이 깔린 곳에 살며 밤에 주로 활동한다. 손바닥에 올려놓으면 가슴지느러미 관절을 비벼 '빠가 빠가' 하는 소리를 낸다. 동자개과(科) 어류 중 몸집이 가장 작다.

 8~10cm 6~7월 국지회유

꼬치동자개 큰 돌과 자갈이 깔린 곳에 살며 야행성이다.

꼬치동자개 유어 성체의 형질을 갖춘 어린 꼬치동자개.

한강, 임진강, 안성천, 무한천과 서해 북부로 유입되는 북한의 하천에 분포한다.

퉁가리 퉁가리과

Korean torrent catfish

몸은 길고 원통형이며 머리는 위아래로 납작하다. 몸의 뒷부분은 옆으로 납작하다. 위턱과 아래턱의 길이는 같고 입수염은 4쌍이다. 몸 색깔은 황갈색이다. 물이 맑고 여러 층의 돌과 자갈이 있는 곳에 살면서 밤에 주로 활동한다. 돌 밑에 산란하고 알이 부화할 때까지 암수 모두 그 자리에 머문다.

분포 한강, 임진강, 안성천, 무한천과 서해 북부로 흐르는 북한의 하천
생활 하천의 저층
먹이 수서곤충

 10cm   5~6월   국지회유

돌 틈의 퉁가리 돌 사이의 좁은 틈으로 이동하면서 여울의 빠른 물살의 압력을 피한다.

퉁가리 어두운 곳에서 4쌍의 긴 입수염으로 장애물과 먹이를 감지한다.

서해 남부와 남해 서부 연안으로 유입되는 하천에 분포한다.

섬진자가사리 퉁가리과

Seomjin torrent catfish 고유

분포 섬진강, 영산강, 탐진강, 거제도, 거금도 등
생활 하천의 저층
먹이 수서곤충

몸은 길고 원통형이다. 머리는 위아래로, 몸의 뒷부분은 옆으로 납작하다. 위턱이 아래턱보다 길다. 입수염은 4쌍이다. 자가사리와 비슷하나 꼬리지느러미에 황색의 초승달 무늬가 있다. 바위와 자갈이 있는 곳에 살며 야행성이다. 산란후 알을 지킨다. 2010년 신종으로 기록되었다.

 10cm   4~6월   국지회유

섬진자가사리 꼬리지느러미의 초승달 무늬가 특징이다.

돌 밑의 섬진자가사리 낮에는 어두운 곳에 머물고 밤에 주로 활동한다.

서해와 남해, 동해 남부로 유입되는 하천에 분포한다.

동사리 동사리과

Korean dark sleeper

고유

몸은 원통형이며 뒷부분은 옆으로 납작하다. 몸 색깔은 회갈색이고 진한 갈색의 커다란 반점이 3개 있다. 두 줄의 이빨은 날카로워 한번 물린 먹잇감은 빠져나오지 못한다. 유속이 느린 곳에 살며 낮에는 주로 돌 틈에 은신한다. 번식기에 '꾸구' 하고 소리를 낸다. 큰 돌 밑에 알을 낳으며 수컷은 알을 돌본다.

분포 서해와 남해, 동해 남부로 흐르는 하천, 북한의 예성강, 대동강
생활 하천의 저층
먹이 수서곤충, 새우류, 물고기

15~18cm   4~7월   국지회유

136

동사리 윗모습 몸에 매우 진한 갈색의 커다란 반점이 있다.

동사리 위장 주변 환경과 비슷하게 몸 색깔을 맞추어 돌이나 수초 그늘에 숨어 있다가
지나가는 물고기를 잡아먹는다.

아산호로 흐르는 하천과 탐진강, 동해 북부로 유입되는 하천을 제외한 전국 대부분의 하천에
분포하며 돌이 많은 곳에 산다.

꺽지 쏘가리과

Korean aucha perch

고유

제주도

분포 아산만 유입 하천과 **탐진강**, 농
해 북부로 흐르는 하천을 제외한 전
국의 하천
생활 하천의 중층
먹이 수서곤충, 갑각류, 작은 물고기

몸은 옆으로 납작하다. 아가미 끝에 눈동자 크기의 청색 무
늬가 있다. 몸 색깔은 진한 갈색이며 줄무늬가 수직으로 나
있고 흰색 반점이 많다. 돌과 자갈이 있는 곳에 살며 큰 돌
의 밑면에 산란한다. 수컷은 알과 부화한 새끼들이 산란장을
떠날 때까지 돌본다. 자신의 몸 색깔을 주변에 잘 맞춘다.

 15~30cm 4~7월 국지회유

138

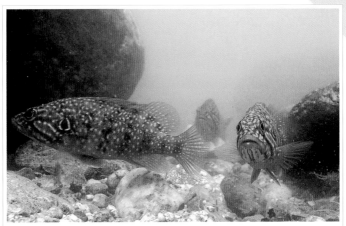

꺽지 무리 단독 생활을 하지만 번식기에는 2~3마리 단위의 작은 무리를 이루기도 한다.

꺽지 치어 치어들은 난황을 다 흡수하고 자유롭게 유영할 때까지 수컷의 보호를 받는다.

03

하천 중류에서
만나는 물고기

중류의 환경

물줄기는 큰 산을 굽이돌고 경사가 완만한 평지를 흐른다. 물의 양이 많고 하나의 사행(곡선) 구간에 여울과 소(沼)가 한 차례 나타난다. 바닥은 돌과 자갈, 모래, 진흙 등이 유속과 경사도에 따라 결합된다. 일조량이 많아 동·식물성 플랑크톤과 조류, 수서곤충 등이 풍부하고 미소서식지(微少棲息地) 발달로 많은 종의 담수어가 산다.

서해와 남해로 유입되는 하천에 분포한다.

각시붕어 잉어과 | 납자루아과

Korean rose bitterling

고유

분포 서해와 남해로 흐르는 하천
생활 하천의 중·하층
먹이 수서곤충, 부착 조류, 동물성 플
랑크톤

체고는 비교적 높으며 옆으로 납작하다. 입수염은 1쌍이다.
몸통에 파란색 줄무늬가 있다. 유속이 느린 수초 지대에 무
리 지어 산다. 번식기에 암컷은 민물조개의 출수공에 알을
낳는다. 이때 수컷은 몸 색깔이 화려해지며 조개 앞으로 다
가온 암컷에게 몸을 좌우로 빠르게 떨어 산란을 재촉한다.

 4~5cm 5~6월 국지회유

각시붕어 무리 먹이 활동 먹이 활동을 하는 각시붕어 무리.

산란기의 각시붕어 수컷 번식기에 작은말조개를 살피고 있는 각시붕어 수컷들.

143

낙동강을 제외한 서해와 남해로 유입되는 하천에 분포한다. 납자루아과(亞科) 어류 중 몸집이 가장 작다.

떡납줄갱이 잉어과 | 납자루아과

Small rose bitterling

제주도

몸은 타원형이고 옆으로 납작하다. 입수염은 없다. 몸통에 파란색 줄무늬가 길게 나 있다. 번식기에 수컷의 눈과 주둥이 주변이 붉어진다. 유속이 느리고 수초가 있는 곳에 살며 암컷은 하천에 사는 조개의 몸 안에 알을 낳는다. 납자루아과(亞科) 어류 중 몸집이 가장 작다.

분포 낙동강을 제외한 서해와 남해로 흐르는 하천 (국외: 중국)
생활 하천의 중·하층
먹이 수서곤충, 부착 조류, 동물성 플랑크톤

 4~5cm   4~7월   국지회유

144

떡납줄갱이 파란색 줄무늬는 각시붕어보다 길다.

떡납줄갱이 수컷 번식기에는 산란처인 민물조개를 두고 서로 경쟁한다.

서해와 남해로 유입되는 하천에 분포한다.

납자루 잉어과 | 납자루아과

Slender bitterling

분포 서해와 남해로 흐르는 하천 (국
외: 일본)
생활 하천의 중·하층
먹이 수서곤충, 부착 조류

몸은 타원형이고 옆으로 납작하다. 입수염은 1쌍이다. 번식
기에 수컷의 주둥이에는 돌기가 발달하고 등지느러미와 뒷
지느러미 끝의 빨간색 무늬는 확장되고 선명해진다. 유속이
약간 빠른 곳에서 무리 지어 살며 암컷은 하천 바닥에 사는
조개에 알을 낳는다.

5~9cm   4~6월   국지회유

146

납자루 수컷 번식기에 수컷은 가슴 쪽이 붉어지며 등지느러미와 뒷지느러미에 빨간색 무늬가 뚜렷해진다. 뒷지느러미의 빨간색 무늬는 서식지에 따라 넓이가 다르다.

납자루 무리 지어 생활하며 수서곤충이나 부착 조류를 먹는다.

금강, 만경강, 영산강, 섬진강과 낙동강 일부 수계에 분포한다. 평지 하천에 서식한다.

칼납자루 잉어과 | 납자루아과

Oily bitterling

고유

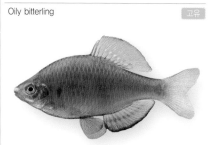

체고는 높으며 옆으로 납작하고 입수염은 1쌍이다. 등지느러미 가장자리에 1줄, 뒷지느러미에 2줄의 황색 띠가 있다. 유속이 느린 평지 하천의 자갈과 수초가 있는 곳에 모여 살며 번식기에 알을 낳을 민물조개를 선점하려고 서로 맹렬하게 다툰다. 이때 암수 모두 몸 색깔이 진해진다.

분포 금강, 만경강, 영산강, 섬진강과 낙동강의 일부 수계
생활 하천의 중·하층
먹이 수서곤충, 부착 조류

6~8cm   4~6월   국지화유

148

칼납자루 암컷 비산란기에는 산란관이 짧게 수축된다.

칼납자루 먹이 활동 수서곤충과 부착 조류를 먹는다.

전라북도 임실군 일대의 섬진강 수계에 분포한다.

임실납자루 잉어과 | 납자루아과

Somjin bitterling

고유 멸종I

체고는 약간 높고 옆으로 납작하다. 입수염은 1쌍이다. 등지
느러미 가장자리에 1줄, 뒷지느러미에 2줄의 황색 띠가 있다.
유속이 느린 하천의 자갈과 수초가 많은 곳에 모여 산다. 번
식기에 암수 모두 몸 색깔이 진해지며 암컷이 긴 산란관을
민물조개의 출수공에 집어넣어 산란하면 수컷이 방정한다.

분포 섬진강의 임실군 수계
생활 하천의 중·하층
먹이 수서곤충, 부착 조류

 5~6cm   5~7월   국지회유

임실납자루 칼납자루와 생김새가 매우 비슷해 구분이 어려우나 암컷의 산란관은 칼납자루보다 길고 알은 더 둥글다.

임실납자루 무리 하천의 중·하층을 유영하며 항상 무리를 짓는다.

낙동강에 분포하며 2018년 신종으로 기록되었다. 뒷지느러미의 검은색 띠가 칼납자루보다 넓다.

낙동납자루 잉어과 | 납자루아과

Broad-margined bitterling

고유

분포 낙동강
생활 하천의 중·하층
먹이 수서곤충, 부착 조류

체고는 높으며 옆으로 납작하고 입수염은 1쌍이다. 등지느러미 가장자리에 1줄, 뒷지느러미에 2줄의 황색 띠가 있다. 하천 중류의 모래와 자갈이 깔린 수초 지대에 산다. 번식기의 산란 행동은 칼납자루와 같다. 분자 유전학 연구 결과에 의해 2014년 새로운 종으로 보고되었다.

 6~8cm 5~6월 국지회유

낙동납자루 암컷 등지느러미와 뒷지느러미가 수컷보다 작다.

낙동납자루 무리 하천의 중 · 하층에서 무리 지어 유영한다.

섬진강을 제외한 서해와 남해로 유입되는 하천에 분포한다.

줄납자루 잉어과 | 납자루아과

Korean stripted bitterling 고유

몸은 옆으로 납작하고 입수염은 1쌍이다. 몸통의 청록색 줄무늬는 아가미 뒤의 반점에서 시작된다. 배지느러미와 뒷지느러미 끝은 흰색이다. 번식기에 수컷의 몸 색깔은 화려해지고 주둥이 주변에는 돌기가 발달한다. 성어가 되면 유속이 빠른 여울로 진출하기도 하며 민물조개에 산란한다.

분포 섬진강을 제외한 서해와 남해로 흐르는 하천
생활 하천의 중·하층
먹이 수서곤충, 식물성 플랑크톤

 6~10cm   4~7월   국지회유 고유

154

줄납자루 수컷 작은말조개 주변으로 모여든 번식기의 수컷들.

줄납자루 무리 유속이 빠른 여울과 그 주변에 산다.

섬진강과 낙동강에 분포하며 줄납자루보다 몸집이 크다.

큰줄납자루 잉어과 | 납자루아과

Large stripted bitterling

고유 멸종II

몸은 옆으로 납작하고 입수염은 1쌍이다. 몸통에 청록색 반점과 줄무늬가 있다. 줄납자루보다 몸집이 더 크고 몸 색깔은 녹갈색이다. 수심이 약간 깊고 큰 돌이 깔린 곳에 살며 번식기에 수컷의 주둥이에 돋아난 돌기는 눈 주변까지 확장된다. 암컷은 민물조개의 몸 안에 산란한다.

분포 섬진강, 낙동강
생활 하천의 중·하층
먹이 수서곤충

 9~12cm 5~7월 국지회유

156

큰줄납자루 수컷 석패과 민물조개인 펄조개와 큰줄납자루 수컷들.

큰줄납자루 무리 무리 지어 유영하는 큰줄납자루 유어들.

번식기의 수컷. 서해와 남해로 유입되는 전국의 하천에 분포한다. 가을에 산란한다.

납지리 잉어과 | 납자루아과

Flat bitterling

몸은 타원형이고 옆으로 납작하다. 입수염은 1쌍이다. 아가미
뒷부분에 청록색 반점이 있고 몸에는 청록색 줄무늬가 있다.
번식기에 수컷의 지느러미는 진한 분홍색을 띠어 매우 화려
해지고 주둥이의 돌기는 눈 주변까지 확장된다. 유속이 조
금 느린 곳에 살며 가을에 민물조개의 몸 안에 산란한다.

분포 서해와 남해로 흐르는 전국의
하천 (국외: 일본)
생활 하천의 중·하층
먹이 수초, 돌말

6~10cm   9~11월   국지회유

158

납지리 암수 암컷(왼쪽)의 몸 색깔은 수컷처럼 화려하지 않다.

납지리 수컷 펼조개(화살표)를 두고 다투고 있는 납지리 수컷들.

번식기의 수컷. 서해와 남해로 유입되는 하천에 분포한다. 뒷지느러미 둘레는 검은색이다.

가시납지리 잉어과 | 납자루아과

Korean spined bitterling 고유

입수염은 없다. 몸 앞부분의 반점과 뒷부분의 줄무늬는 흐릿하다. 뒷지느러미 둘레는 검은색이다. 평지의 유속이 느린 하천에 살며 번식기에 수컷의 주둥이에는 돌기가 나타난다. 민물조개의 몸 안에 알을 낳는다. 속명(屬名) 변경이 제안되었으나 환경부는 이전 속명을 유지하고 고유종으로 기록하고 있다.

분포 서해와 남해로 흐르는 하천 (국외: 고유종 해제 시 중국)
생활 하천의 중·하층
먹이 수초, 실지렁이, 수서곤충

8~12cm

4~8월

국지회유

160

가시납지리 암컷 산란 직전의 가시납지리 암컷.

펄조개와 가시납지리 펄조개(화살표)를 살피는 가시납지리 수컷.

동해 북부로 유입되는 하천을 제외한 전국의 하천에 분포한다.

돌고기 잉어과 | 모래무지아과

Striped shinner

몸은 긴 타원형이며 원통형에 가깝다. 윗입술의 양 끝은 두 툼하고 입수염은 1쌍이다. 몸에 검은색의 굵은 줄무늬가 있 다. 번식기에 다른 물고기(꺽지 등)의 산란장으로 몰려가 재 빠르게 알을 낳고 빠져나오기도 한다. 큰 돌이나 자갈이 있 는 곳에 모여 살며 '딱딱딱' 하고 소리를 내며 먹이를 먹는다.

분포 동해 북부로 흐르는 하천을 제 외한 전국의 하천 (국외: 일본, 중국)
생활 하천의 중층
먹이 수서곤충, 부착 조류

7~10cm   4~6월   국지회유

돌고기 유어 부착 조류를 먹고 있는 어린 돌고기.

돌고기 무리 항상 무리 지으며 다른 물고기와 어울려 다니기도 한다.

163

서해 중부와 서해 남부, 남해로 유입되는 하천에 분포한다. 납자루아과(亞科) 어류처럼 민물조개에 산란한다.

참중고기 잉어과 | 모래무지아과

Oily shinner

고유

분포 서해 중·남부와 남해로 흐르는 하천
생활 하천의 중·하층
먹이 수서곤충, 소형 갑각류 등

몸은 긴 타원형이며 옆으로 납작하다. 입수염은 짧고 1쌍이다. 아가미 뒤에 청록색 반점, 등지느러미에 갈색 무늬가 있다. 번식기에 수컷의 몸 색깔은 진해지고 각 지느러미는 지역에 따라 붉거나 검푸른색을 띤다. 민물조개에 알을 낳는다. 이동할 때는 구불구불한 돌 표면에 바짝 붙어서 간다.

 8~10cm　 4~6월　국지회유

참중고기 수컷 번식기 한강 수계 수컷(오른쪽)의 몸 색깔. 낙동강 수계 집단은
지느러미가 검게 변한다.

참중고기 무리 바닥의 돌 표면에 바짝 붙어 헤엄치다가 무엇인가에 놀라면
재빠르게 돌 사이로 숨는다. 여울 주변에 산다.

낙동강을 제외한 서해와 남해로 유입되는 하천에 분포한다. 민물조개에 산란한다.

중고기 잉어과 | 모래무지아과

Korean oily shinner

고유

분포 낙동강을 제외한 서해와 남해로 흐르는 하천
생활 하천의 중 · 하층
먹이 수서곤충, 새우류, 실지렁이 등

체형은 참중고기와 비슷하다. 입수염은 짧고 1쌍이다. 눈동자 위가 빨갛다. 등지느러미와 꼬리지느러미 위아래에 진한 갈색 줄무늬가 있다. 평지 하천의 유속이 느리고 진흙과 모래, 자갈이 있는 곳에 살며 번식기에 암컷은 민물조개에 알을 낳는다. 암컷의 산란관은 납자루류보다 짧다.

10~16cm   4~6월   국지회유

중고기 참중고기와 비슷하나 꼬리지느러미 상엽과 하엽에 진한 갈색 줄무늬가 있다.

중고기 무리 바위에 붙어 자라는 조류를 먹고 있는 어린 중고기 무리.

낙동강을 제외한 서해와 남해로 유입되는 하천에 분포한다.

줄몰개 잉어과 | 모래무지아과

Manchurian gudgeon

제주도

분포 낙동강을 제외한 서해와 남해로 흐르는 하천 (국외: 중국, 아무르강 수계)
생활 하천의 중층
먹이 수서곤충, 소형 갑각류 등

몸은 길며 옆으로 납작하다. 입수염은 짧고 1쌍이다. 비늘은 금속성 광택이 난다. 몸의 굵은 줄무늬 위아래로 검은색의 반점이 이어진 8~10줄의 가는 줄무늬가 있다. 여울 아래 유속이 조금 느리고 자갈과 모래, 진흙이 섞여 있는 곳에 무리 지어 산다. 번식기에 집단으로 산란하는 것이 관찰된다.

5~10cm　　6~7월　　국지회유

줄몰개 유속이 느리고 모래와 진흙이 깔린 곳에 산다.

줄몰개 무리 항상 무리를 짓는다.

서해와 남해로 유입되는 하천에 분포한다.

긴몰개 잉어과 | 모래무지아과

Korean slender gudgeon

고유

몸은 길며 옆으로 납작하다. 길이가 눈 지름만 한 입수염이 1쌍 있다. 등 쪽에 진한 갈색 반점이 많고 옆줄이 지나는 비늘에는 흑색소포가 밀집된 반점이 있다. 하천의 유속이 느린 물가에 모여 살며 중층을 유영하다가 바닥층으로 내려와 먹이를 찾는다. 수초에 산란한다.

분포 서해와 남해로 흐르는 하천
생활 하천의 중층
먹이 수서곤충, 소형 갑각류 등

7~10cm 5~7월 국지회유

170

긴몰개 먹이 활동 머리를 낮춘 자세로 먹이를 찾는다.

긴몰개 무리 하천의 중층을 유영한다.

금강 이북의 서해로 유입되는 하천에 분포한다.

몰개 잉어과 | 모래무지아과

Short barbel gudgeon

고유

분포 압록강에서 금강까지의 서해로
흐르는 하천
생활 하천의 중층
먹이 수서곤충, 소형 갑각류 등

몸은 길며 옆으로 납작하다. 입수염은 1쌍이고 길이는 눈 지
름보다 짧다. 등에는 반점이 없고 옆줄이 지나는 비늘의 반
점들은 긴몰개에 비해 크기가 작다. 하천의 유속이 느리고
모래와 진흙이 깔린 수초 지대에 무리 지어 살며 중층을 유
영하다가 바닥을 파헤쳐 먹이를 찾는다. 수초에 산란한다.

8~14cm   6~8월   국지회유

172

몰개와 점줄종개 먹이 활동을 하고 있는 몰개와 점줄종개(화살표).

몰개 치어 성체의 형질을 갖춘 어린 몰개.

한반도 남부의 서해와 남해로 유입되는 하천에 분포한다.

참몰개 잉어과 | 모래무지아과

Korean gudgeon

고유

분포 한강 이남의 서해 중·남부와
남해로 흐르는 하천
생활 하천의 중층
먹이 수서곤충, 동물, 수중 식물질 등

몸은 길며 옆으로 납작하다. 입수염은 1쌍이다. 몰개와 유사
하나 입수염의 길이가 눈 지름보다 길다. 옆줄이 지나는 비
늘의 반점은 몰개처럼 크기가 작다. 등에는 반점이 없다. 수
심이 얕고 유속이 느린 곳의 수초 지대에 무리 지어 산다.
물살이 센 곳에서 발견되기도 한다. 수초에 산란한다.

8~14cm   6~8월   국지회유

참몰개 유속이 느린 곳에서 살지만 물살이 센 여울에 출현하기도 한다.

참몰개(화살표)와 어린 누치들

동해 중부와 동해 남부 연안으로 유입되는 하천에 분포한다.

점몰개 잉어과 | 모래무지아과

Spotted barbel gudgeon　　고유

분포 동해 중 · 남부로 흐르는 하천
생활 하천의 중 · 하층
먹이 미상

몸은 길지 않으며 옆으로 납작하다. 입수염은 1쌍이다. 옆줄이 지나는 각 비늘에는 검은색의 반점이 있고 그 위로 크기가 다른 타원형의 반점이 6~12개 있다. 물이 맑고 유속이 느린 하천의 모래와 자갈이 깔린 얕은 곳에 무리 지어 산다. 동해 중부에서 동해 남부까지의 연안으로 흐르는 하천에 분포한다.

 5~7cm　 6~8월　 국지회유

점몰개 옆줄 위로 6∼12개의 타원형 반점이 있다.

점몰개 물이 맑고 유속이 느린 곳에 무리 지어 산다.

177

서해 북부와 동해 북부로 유입되는 하천에 분포한다.

모샘치 | 잉어과 | 모래무지아과

Siberian gudgeon

분포 서해 북부와 동해 북부로 흐르는 하천 (국외: 중국 흑룡강)
생활 하천의 중·하층
먹이 수서곤충, 부착 조류

몸은 길고 원통형이다. 입수염은 1쌍이다. 몸 색깔은 연한 녹갈색이다. 몸통 가운데에 눈동자 크기의 반점이 8~12개가 있다. 하천 중류의 모래와 자갈이 깔린 곳에 몇 마리씩 모여 살며 모래나 자갈 위에 알을 낳는다. 한강 상류에 출현하였다는 기록(Uchida, 1939)이 있다.

12~18cm   5~6월   국지회유

모샘치 하천 중류의 모래와 자갈이 깔린 곳에 산다.

모샘치 입수염이 길다.

179

서해와 남해 연안으로 유입되는 대부분의 하천에 분포한다.

모래무지 잉어과 | 모래무지아과

Goby minnow

몸은 길며 원통형이고 주둥이는 길다. 입수염은 1쌍이다. 몸통에 크고 작은 반점이 있다. 유속이 느리고 모래가 깔린 곳에 산다. 입으로 모래를 빨아들여 먹이는 삼키고 모래는 아가미 밖으로 내보낸다. 위협을 느끼면 재빨리 모래 속으로 들어가 눈만 내밀고 숨는다. 모래 위에 알을 낳는다.

분포 서해와 남해로 흐르는 전국의 하천 (국외: 일본, 중국)
생활 하천의 저층
먹이 수서곤충, 작은 동물

15~25cm   5~7월   국지회유

모래무지 먹이 활동 먹이를 찾으려고 모래를 파헤치고 있는 모래무지. 주변의 물고기는 좌측부터 피라미, 납지리, 점줄종개.

모래무지 모래무지 윗모습.

서해와 남해로 유입되는 전국의 하천에 분포한다. 모래와 자갈이 깔린 수초 지대에 산다.

돌마자 잉어과 | 모래무지아과

Korean common gudgeon 　　　　　　고유

분포 서해와 남해로 흐르는 전국의 하천
생활 하천의 저층
먹이 수서곤충, 부착 조류, 유기물 등

몸은 길고 원통형이다. 입수염은 1쌍이다. 몸에 진한 갈색 반점이 있다. 모래와 자갈이 깔린 수초 지대에 무리 지어 산다. 번식기에 수컷의 몸 색깔은 진해지고 주둥이와 가슴지느러미 안쪽은 붉어진다. 수컷은 수초의 뿌리나 식물 줄기로 산란 둥지를 틀고 주변을 분주히 선회하면서 알을 지킨다.

5~12cm　　4~7월　　국지회유

182

둥지 앞의 돌마자 식물의 뿌리에 산란 둥지(화살표)를 마련하여 지키고 있는 수컷.

둥지에 들어가는 수컷

둥지를 빠져나오는 수컷

돌마자 무리의 이동

낙동강에만 희귀하게 분포한다.

여울마자 잉어과 | 모래무지아과

Rapid small gudgeon

고유 멸종 I

몸은 원통형이다. 입수염은 1쌍이다. 등과 몸 가운데에 갈색
반점이 있다. 배에는 비늘이 없다. 유속이 빠르고 모래와 자
갈이 깔린 곳에 산다. 번식기에 수컷의 몸은 황색이 되고 몸
의 반점은 초록색을 띠며 아가미는 파란색 광택을 띤다. 산란
무렵에 여울에서 목격된다. 산란 행동은 알려지지 않았다.

분포 낙동강
생활 하천의 저층
먹이 돌마자와 유사 추정

6~10cm   4~6월   국지회유

185

한반도 남부의 일부 하천에 매우 드물게 분포한다.

흰수마자 잉어과 | 모래무지아과

White eightbarbel gudgeon

고유 멸종Ⅰ

분포 한강, 임진강, 금강, 낙동강 등의 일부 수계
생활 하천의 저층
먹이 수서곤충

몸은 원통형이다. 흰색의 긴 입수염이 4쌍 있다. 등과 몸통 가운데에는 진한 갈색과 흰색의 반점이 있다. 큰 하천 지류의 유속이 빠르지 않고 수심이 얕은 모래 여울에 살다가 번식기가 되면 본류로 이동해 산란한다. 눈동자를 좌우로 잘 굴리며 모래 속으로 자주 들어간다.

 6~10cm   6~7월   국지회유

흰수마자 흰색의 긴 입수염이 4쌍 있다.

흰수마자 서식 환경 바닥에 입자가 고운 모래가 깔려 있다.

한반도 남부의 여러 하천 및 섬에 분포한다.

갈겨니 잉어과 | 끄리아과

Dark chub

산란기 수컷

분포 서해 남부와 남해로 흐르는 하천 및 거금도, 남해도, 거제도 등의 섬 (국외: 일본)
생활 하천의 중·상층
먹이 수서곤충, 육상 곤충, 부착 조류

몸은 길고 옆으로 납작하다. 눈동자 위에 빨간색 반원 무늬가 있고 몸에는 흑갈색 줄무늬가 있다. 유속이 빠르지 않은 곳에 살며 수면 위로 솟구쳐 비행하는 육상 곤충을 잡아먹기도 한다. 번식기에 수컷의 턱과 눈 주변에 돌기가 발달하고 뒷지느러미가 커진다. 자갈 위에 암수가 집단으로 산란한다.

10~17cm   5~8월   국지회유

갈겨니 눈동자 위에 빨간색 반원 무늬가 있다.

갈겨니와 참갈겨니 구분

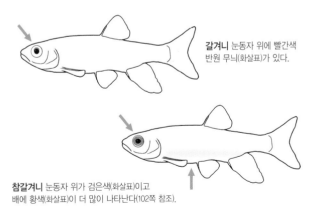

갈겨니 눈동자 위에 빨간색 반원 무늬(화살표)가 있다.

참갈겨니 눈동자 위가 검은색(화살표)이고 배에 황색(화살표)이 더 많이 나타난다(102쪽 참조).

피라미 수컷. 동해 북부로 유입되는 하천을 제외한 전국의 하천에 분포한다.

피라미 <small>잉어과 | 끄리아과</small>

Pale chub

제주도

분포 동해 북부로 흐르는 하천을 세
외한 전국의 하천 (국외: 일본, 중국,
대만)
생활 하천의 중·상층
먹이 수서곤충, 부착 조류

몸은 길고 옆으로 납작하다. 눈동자 위에 빨간색 무늬가 있
다. 몸 색깔은 푸른 갈색이다. 하천 또는 저수지, 댐 등에 폭
넓게 살며 무리 짓는다. 번식기에 수컷의 턱은 검은색을 띠
며 단단한 돌기가 돋고 뒷지느러미는 커진다. 산란은 하천의
여울 아래 모래와 자갈 위에서 집단으로 이루어진다.

 12~17cm   5~8월   국지회유

피라미 수컷 번식기에 산란터를 선점한 수컷(화살표)은 모든 지느러미를 활짝 펴서 몸을 크게 보이게 만들어 주변의 다른 수컷이 다가오는 것을 막는다.

피라미 암수 번식기의 암컷(뒤)과 수컷.

피라미 치어 무리 유속이 느리고 수심이 얕은 곳에서 월동 중인 피라미 치어 무리.

서해와 남해로 유입되는 하천에 분포한다.

치리 잉어과 | 강준치아과

Korean sharpbelly

고유

몸은 길고 옆으로 매우 납작하다. 머리는 작고 눈은 크며 입
수염은 없다. 배에 마치 칼날처럼 예리하게 솟은 부분이 있
다. 꼬리지느러미 하엽의 길이가 상엽보다 길다. 유속이 느
린 곳의 수면 가까이서 무리 지어 살며 활발하게 유영한다.
날씨가 추워지면 수심이 깊은 곳으로 이동해 월동한다.

분포 서해와 남해로 흐르는 하천
생활 하천의 중 · 상층
먹이 수서곤충, 소형 갑각류, 씨앗

 15~20cm 6~7월 국지회유

치리 수면 가까이에서 무리 지어 매우 빠르게 헤엄친다.

치리 유어 새끼들은 수초가 많거나 유속이 느린 곳에서 생활한다.

195

전국의 하천에 분포한다.

미꾸리 미꾸리과

Muddy loach

몸은 길고 가늘며 원통형이다. 입수염은 3쌍이고 아래턱에 긴 돌기가 2쌍 있다. 수컷의 가슴지느러미에 골질반이 있다. 유속이 느리거나 정체된 곳에 산다. 산란 시 수컷이 몸으로 암컷의 배를 감싸 눌러 산란하게 한다. 아가미 호흡과 수면에서 공기를 마셔 장에서 산소를 흡수하는 장호흡을 병행한다.

분포 전국의 하천 (국외: 일본, 중국)
생활 하천의 저층
먹이 수서곤충 유충, 조류, 유기물

 10~17cm 6~7월 국지회유

미꾸리 유속이 느리거나 정체된 곳의 모래나 진흙 바닥에 산다.

미꾸리 아가미 호흡과 함께 수면에서 직접 공기를 흡입한 후 장에서 대사하는 장호흡을 병행한다.

한반도 서남쪽의 영산강과 탐진강, 그리고 인근의 섬에 분포한다.

남방종개 미꾸리과

Southern spine loach

고유

분포 영산강, 탐진강, 진도, 완도 등의 섬

생활 하천의 저층

먹이 수서곤충

몸은 길고 옆으로 약간 납작한 원통형이다. 입수염은 3쌍이다. 수컷의 가슴지느러미는 암컷보다 길다. 몸 색깔은 연한 황색이고 옆줄 아래로 수직 줄무늬가 있다. 유속이 느리고 자갈과 모래가 있는 곳에 살며 번식기 산란 행동은 다른 미꾸리과(科) 어류와 같다.

10~15cm　　5~6월　　국지회유

198

남방종개 수컷 수컷의 가슴지느러미는 안쪽에 가늘고 긴 골질반이 있어 암컷보다 길이가 길다.

남방종개의 몸통 무늬 번식기가 가까워지면 맨 아래의 무늬는 고체가 용해되는 듯한 모양의 무늬로 변형된다.

금강 수계의 일부 하천에 드물게 분포한다.

미호종개 미꾸리과

Miiho spine loach

고유 멸종I 천연

분포 금강 수계 일부 하천
생활 하천의 저층, 모래 속
먹이 규조류

몸은 길며 앞부분은 대체로 굵고 뒷부분은 가늘다. 입수염
은 3쌍이다. 수컷의 가슴지느러미는 길다. 몸 색깔은 연한
황색이고 옆줄을 따라 삼각형과 원형 무늬가 있다. 입자가
고운 모래 속에 들어가 생활한다. 산란은 새벽에 이루어지
며 수컷이 암컷의 몸을 감아 조여 알을 낳도록 한다.

7~12cm   6~7월   국지회유

미호종개 입자가 매우 고운 모래 속에서 생활한다.

미호종개 치어 성체의 형질을 갖춘 어린 미호종개.

서해 남부 연안으로 유입되는 하천에 매우 드물게 분포한다.

퉁사리

Bullhead torrent catfish

고유　멸종 I

분포 금강, 만경강, 영산강 등 서해
남부로 흐르는 하천
생활 하천의 저층
먹이 수서곤충

몸은 길고 원통형이며 뒷부분은 옆으로 납작하다. 머리는 위아
래로 납작하다. 퉁가리보다 몸은 굵다. 위턱과 아래턱의 길이
는 같고 입수염은 4쌍이다. 몸 색깔은 황갈색이다. 물이 맑고
바닥에 돌과 자갈이 겹겹이 쌓인 곳에 살며 야행성이다. 돌 밑
에 산란하며 암컷은 잠깐 머물다 떠나고 수컷은 알을 지킨다.

 8~10cm　 5~6월　 국지회유

퉁사리 머리가 위아래로 납작하다. 퉁가리보다 몸이 약간 통통하다.

퉁사리 돌과 자갈이 많은 곳에 산다.

한강 이남의 서해로 유입되는 하천과 탐진강에 분포한다.

얼룩동사리 동사리과

Dark sleeper

고유

분포 한강 이남의 서해로 흐르는 하천과 탐진강
생활 하천의 저층
먹이 수서곤충, 새우류, 물고기

몸은 원통형이며 뒷부분은 옆으로 납작하다. 몸 색깔은 회갈색이며 크고 작은 반점이 흩어져 있다. 큰 돌 밑이나 수초 아래에 숨어 지내다 먹잇감이 지나가면 순식간에 큰 입을 벌려 물어 삼킨다. 번식기에 수컷은 수정된 알이 부화할 때까지 그 자리를 떠나지 않고 알을 돌본다.

15~20cm   5~7월   국지회유

돌 틈의 얼룩동사리 유속이 느리고 큰 돌이 많은 곳의 돌 틈에 주로 머문다.

먹이를 낚아챈 얼룩동사리 돌 밑에 은신하고 있다가 지나가는 물고기를 잡아 삼키고 있다.

거제도 서부의 거제만으로 유입되는 산양천에만 분포한다.

남방동사리 동사리과

Southern dark sleeper

멸종 I

분포 거제도의 산양천 (국외: 일본, 중국)
생활 하천의 저층
먹이 수서곤충, 새우류, 물고기

몸은 길고 원통형이며 머리는 위아래로 납작하다. 몸 색깔은 진한 갈색이다. 등 쪽으로 솟은 몸의 무늬는 위에서 보면 양쪽이 합쳐져 리본 모양이 된다. 유속이 느리고 자갈과 모래가 있는 곳에 살며 먹이 활동 습성은 다른 동사리류와 같다. 돌 밑면에 산란하고 수컷은 알을 돌본다.

 10~14cm

 4~7월 국지회유

남방동사리 유속이 느리고 큰 돌이 많이 깔린 곳에 산다.

동사리과 어류 등무늬 비교

반점이
머리 위까지
있다.

반점이
타원형이다.

반점이
리본형이다.

동사리(136쪽 참조)　　　**얼룩동사리(204쪽 참조)**　　　**남방동사리**

한반도 전역의 하천과 저수지 등에 분포한다.

밀어 망둑어과

Common freshwater goby

분포 전국의 하천 (국외: 일본, 중국, 러시아)
생활 하천의 저층
먹이 수서곤충, 물벼룩, 부착 조류

몸은 원통형이다. 몸 색깔은 연한 갈색이고 진한 갈색 반점
이 있다. 머리에 V자 모양의 빨간색 무늬가 있다. 여울의 돌
밑에 살며 자기가 머무는 곳을 수시로 청소하는 습성이 있
다. 다른 개체들이 거처로 다가오면 입을 크게 벌려 가로막
는다. 산란 후 알이 부화할 때까지 수컷이 돌본다.

 6~8cm 5~7월 국지회유

밀어 여울의 돌 밑을 거처로 삼는다. 둥지 안으로 밀려드는 모래를 수시로 물어다 버린다.

다른 타입의 밀어 동해 연안으로 유입되는 하천에 출현하며 뺨에 줄무늬가 있다.

아산만 유입 하천, 탐진강을 제외한 서해와 남해로 유입되는 큰 하천에 분포한다.

쏘가리 쏘가리과

Mandarin fish

분포 아산만 유입 하천, 탐진강을 제외한 서해와 남해로 흐르는 하천 (국외: 중국)
생활 하천의 중층
먹이 물고기, 새우류

60~70cm   5~7월   국지회유

몸은 타원형이고 옆으로 납작하다. 몸 색깔은 황갈색이고 진한 갈색의 표범 무늬가 있다. 유속이 느리고 바위와 큰 돌이 있는 넓은 하천에 산다. 육식성이며 낮에는 바위틈에 머물고 밤에 주로 활동한다. 단독 생활을 하다가 번식기에는 작은 집단을 이루어 자갈 위에 산란한다.

어린 쏘가리 피라미, 돌고기 무리와 함께 유영하는 어린 쏘가리. 맨 위는 피라미 암컷.

쏘가리 치어 성체의 형질을 갖춘 어린 쏘가리.

쏘가리와 동일한 종(種)으로 백색증(알비노)이 나타난 개체이다. 한강 상류와 임진강에
주로 분포하나 다른 수계에도 드물게 출현한다.

황쏘가리 쏘가리과

Yellow mandarin fish 천연

몸 전체가 황색이거나 무늬가 조금 남아있는 쏘가리의 알비노
(Albino) 개체이다. 눈동자는 검은 색소가 남아 있다. 한강 상류
및 임진강에 분포하지만 다른 수계에도 드물게 나타나며 특히
북한강 수계에 많이 출현한다. 한강 수계의 황쏘가리와 강원도
화천군 화천읍 동천리 일대 서식지가 천연기념물로 지정되었다.

분포 한강, 임진강
생활 하천의 중층
먹이 물고기, 새우류

60cm   5~7월   국지회유

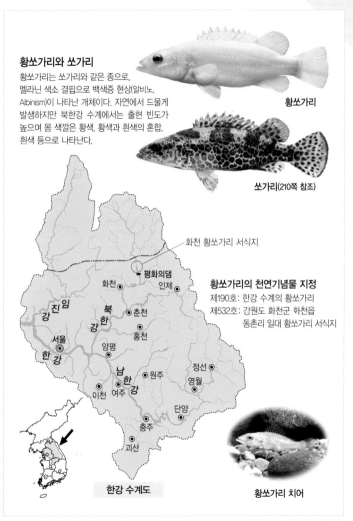

황쏘가리와 쏘가리

황쏘가리는 쏘가리와 같은 종으로,
멜라닌 색소 결핍으로 백색증 현상(알비노,
Albinism)이 나타난 개체이다. 자연에서 드물게
발생하지만 북한강 수계에서는 출현 빈도가
높으며 몸 색깔은 황색, 황색과 흰색의 혼합,
흰색 등으로 나타난다.

황쏘가리

쏘가리(210쪽 참조)

화천 황쏘가리 서식지

황쏘가리의 천연기념물 지정
제190호: 한강 수계의 황쏘가리
제532호: 강원도 화천군 하천읍
동촌리 일대 황쏘가리 서식지

평화의댐

화천 ◉   ◉ 인제

진임
강
북
한   ◉ 춘천
강
◉ 홍천
서울 ◉
◉ 양평
한 강
남
한   ◉ 정선
한
강   ◉ 원주   ◉ 영월
◉ ◉
이천 여주
◉ 단양
◉
충주
◉
괴산

한강 수계도

황쏘가리 치어

213

탐진강과 금강, 영산강, 섬진강 등의 일부 수계와 거제도에 분포한다. 탐진강 외 다른 수계에는 이식되어 살고 있다. 거제도에서는 2010년 이후 발견되지 않는다.

꺽저기 쏘가리과

Japanese aucha perch 멸종 II

몸은 타원형이고 옆으로 납작하다. 아가미에 눈 크기의 파란색 무늬가 있다. 몸에 진한 갈색 줄무늬가 수직으로 있다. 머리에서 등지느러미 앞까지 연한 갈색의 줄무늬가 있다. 유속이 느리고 모래와 자갈이 깔린 수초 지대에 산다. 수초 줄기에 산란하며 수컷은 새끼가 부화하여 헤엄칠 때까지 돌본다.

분포 탐진강과 금강, 영산강, 섬진강 등의 일부 수계, 거제도 (국외: 일본)
생활 하천의 중층
먹이 수서곤충, 육상 곤충

15cm   5~6월   국지회유

214

꺽저기 유속이 느린 수초 지대에 살며 단독 생활을 한다.

꺽저기 수컷 산란 후 수컷은 산란장을 떠나지 않고 수정란(화살표)을 지킨다(사진 제공: 김주흥).

꺽저기와 꺽지 구분

꺽저기

꺽지(138쪽 참조)

꺽저기는 주둥이 끝에서 등지느러미 앞까지 연한 갈색 줄무늬(화살표)가 있다.

04

하천 중하류에서
만나는 물고기

중하류의 환경
중류와 하류의 중간 구역이다. 유속이 느려지고 구불구불한 자유 곡류와 삼각주가 나타난다. 잔자갈과 모래와 진흙이 바닥을 형성한다.

높은 환경 적응력과 번식력으로 한반도 전역의 크고 작은 하천에 분포한다.

잉어 잉어과 | 잉어아과

Common carp

분포 전국의 하천 (국외: 아시아, 유럽)
생활 하천의 중·하층
먹이 수초, 수서곤충, 갑각류, 진흙 속의 동·식물질

몸은 길고 유선형이다. 입수염은 2쌍이다. 등지느러미 앞부분이 위로 솟아있다. 모래나 진흙을 입으로 빨아들여 먹이를 골라 삼키고 모래는 뱉어 낸다. 번식기에 여러 마리의 수컷이 암컷 1마리 뒤를 쫓다가 산란이 시작되면 집단으로 방정한다. 최대 1m 이상 자라기도 하며 30~40년을 살기도 한다.

 30~80cm   4~7월   국지회유

잉어 하천의 중·하층을 유영하며 항상 무리 짓는다.

잉어 먹이 활동 모래를 입으로 파헤쳐 먹이를 얻는다.

독일산 잉어와 이스라엘산 잉어의 교배종으로 잉어와 같은 종(種)이다.

이스라엘잉어 잉어과 | 잉어아과

Islaeli carp

외래

분포 전 세계(이식)
생활 하천의 중·하층
먹이 수초, 수서곤충, 갑각류, 진흙 속의 동·식물질

잉어보다 체고가 높고 비늘은 몸의 일부에만 있다. 독일산 잉어와 이스라엘산 잉어의 교배종이다. 잉어보다 성장 속도가 2배 빠르다. 1973년 이스라엘에서 우리나라에 식용으로 도입되었으며 '향어'라고 부르기도 한다. 방류하였거나 양식 중에 이탈한 것들이 자연에서 드물게 번식한다.

| 50~100cm | 5~7월 | 정보없음 |

이스라엘잉어 비늘은 몸의 일부에 남아 있다. '향어'라고 부르기도 한다.

포획된 이스라엘잉어 어류 생태 조사 중 포획된 이스라엘잉어.

잉어와 함께 한반도 전역의 모든 하천에 분포한다.

붕어 잉어과 | 잉어아과

Crusian carp

분포 전국의 하천 (국외: 아시아, 유럽)
생활 하천의 중층
먹이 수서곤충, 동물성 플랑크톤, 실지렁이 등

몸은 타원형이며 체고가 높다. 등지느러미는 경사가 고르고 비늘은 잉어만큼 가지런하지 않다. 입수염은 없다. 몸 색깔은 황갈색 또는 흑갈색이다. 유속이 느리거나 정체된 곳에 무리 지어 산다. 번식기에 수초가 있는 얕은 물에 여러 마리가 뒤섞여 산란하며 수초에 알을 붙인다.

 20~40cm 4~7월 국지회유

붕어 2~3년 성장하면 산란에 참여한다.

붕어 무리 유속이 느린 소(沼)에 머물고 있는 붕어 무리.

한반도 남부의 서해와 남해로 유입되는 하천에 분포한다.

흰줄납줄개 잉어과 | 납자루아과

Rose bitterling

분포 서해 중·남부와 남해로 흐르는 하천 (국외: 일본, 중국)
생활 하천의 중층
먹이 수서곤충, 실지렁이, 규조류 등

몸은 옆으로 매우 납작하며 등은 동그랗게 솟아있다. 몸통에 파란색 줄무늬가 있다. 유속이 느리고 수초가 있는 곳에 산다. 번식기에 수컷은 주둥이에 돌기가 발달하고 몸은 선홍색을 띤다. 다른 납줄개류에 비해 암컷의 산란관이 긴 편이며 덩치가 큰 말조개나 펄조개 등에 알을 낳는다.

 6~8cm 4~7월 국지회유

번식기의 흰줄납줄개 번식기에 수컷의 몸은 선홍색을 띠며 주둥이 끝에 돌기가 발달한다.

흰줄납줄개 체고가 매우 높고 좌우로 납작한 탓에 유속이 빠른 물살은 피한다.

서해와 남해로 유입되는 하천에 분포한다. 납자루아과(亞科) 어류 중 몸집이 가장 크다.

큰납지리 잉어과 | 납자루아과

Deep body bitterling

분포 서해와 남해로 흐르는 전국의
하천 (국외: 중국)
생활 하천의 중·하층
먹이 수서곤충, 부착 조류

체고는 높고 옆으로 납작하다. 입수염은 1쌍이다. 4번째 비
늘에 진한 반점이 있고 몸에는 청록색 줄무늬가 있다. 뒷지
느러미 둘레는 흰색이다. 납지리보다 몸이 크며 수심이 깊고
유속이 느린 수초 지대에 산다. 번식기에 수컷의 주둥이에는
돌기가 발달하고 암컷은 민물조개의 몸 안에 산란한다.

 6~15cm   4~6월   국지회유

226

번식기의 큰납지리 수컷 몸통에 보랏빛이 나타나고 뒷지느러미의 흰색 띠는 뚜렷해진다.

큰납지리와 가시납지리 비교

큰납지리
뒷지느러미 둘레는 흰색이다.

가시납지리(160쪽 참조)
뒷지느러미 둘레는 검은색이다.

한반도 전역의 작은 하천에 분포한다.

참붕어 <small>잉어과 | 모래무지아과</small>

False dace

분포 전국의 하천 (국외: 일본, 중국, 대만)
생활 하천의 중층
먹이 수서곤충, 수초, 부착 조류

6~8cm 4~6월 국지회유

몸은 길고 옆으로 약간 납작하다. 비늘 끝에는 초승달 모양
의 검은색 무늬가 있다. 번식기에 수컷은 주둥이 주변에 원
뿔 모양의 뾰족한 돌기가 발달하며 돌 표면을 입으로 청소
해 암컷이 알을 낳게 한다. 또한 알이 부화할 때까지 자리를
지킨다. 깨끗하지 않은 물에서도 잘 산다.

228

참붕어 먹이 활동 바닥으로 내려와 먹이를 찾고 있는 참붕어. 적은 수로 무리 지으며 하천의 중층을 활발히 유영한다.

참붕어 치어 성체의 형질을 갖춘 어린 참붕어.

서해와 남해로 유입되는 하천에 분포한다. 환경에 대한 적응력이 높아 기수역에도 출현한다.

누치 잉어과 | 모래무지아과

Barbel steed

제주도

분포 서해와 남해로 흐르는 하천 (국외: 일본, 중국, 베트남)
생활 하천의 중·하층
먹이 수서곤충, 실지렁이, 갑각류, 부착 조류

몸은 길며 원통형이다. 주둥이는 튀어나왔고 입수염은 1쌍이다. 어릴 때 생겼던 몸통의 반점은 성어가 되면 없어진다. 모래나 자갈이 깔린 곳의 바닥 근처에서 생활하며 모래 속을 파헤쳐 먹이를 얻기도 한다. 번식기에는 집단으로 하천을 거슬러 올라가 모래나 자갈을 파고 알을 낳는다.

25~60cm   4~6월   국지회유

누치 성어 성어가 되면 단독으로 생활한다.

어린 누치 무리 어릴 때는 몇 마리씩 무리 지어 생활한다.

낙동강을 제외한 서해와 남해로 유입되는 하천에 분포한다.

버들매치 잉어과 | 모래무지아과

Chinese false gudgeon

몸은 원통형이고 입수염은 1쌍이다. 등지느러미 둘레는 둥글다. 몸에 진한 갈색 반점이 7~9개 있다. 지느러미의 줄무늬는 가지런하다. 모래와 진흙이 깔린 곳에 살며 번식기에 수컷은 구덩이를 파 암컷이 알을 낳게 하고 알을 지킨다. 이때 수컷의 턱 밑과 가슴지느러미에는 톱니 같은 돌기가 난다.

분포 낙동강을 제외한 서해와 남해로 흐르는 하천 (국외: 일본, 중국)
생활 하천의 저층
먹이 수서곤충, 실지렁이, 씨앗 등

8~15cm   4~6월   국지회유

버들매치 수컷 번식기에 턱 밑과 가슴지느러미에 톱니처럼 뾰족한 돌기가 생긴다(화살표).

버들매치 모래와 진흙이 많이 깔린 늪지에 많이 서식한다.

233

한반도 남부의 서해와 남해로 유입되는 하천에 분포한다. 버들매치와 유사하나 몸집이 작다.

왜매치 잉어과 | 모래무지아과

Korean dwarf gudgeon

고유

분포 서해 중·남부와 남해로 흐르는 하천
생활 하천의 저층
먹이 수서곤충, 부착 조류, 유기물

몸은 원통형이다. 입수염은 1쌍이고 길이는 짧다. 몸 가운데 7~8개의 진한 갈색 반점이 있다. 등지느러미 가장자리는 직선에 가깝다. 지느러미 줄무늬는 불규칙하다. 모래나 진흙이 깔린 곳에 몇 마리씩 무리 지어 살며 번식기에 수컷의 몸 색깔은 어두워진다. 버들매치보다 몸집이 작다.

 6~8cm
 4~7월
 국지회유

234

왜매치 암컷 산란 전 포란 중인 암컷.

왜매치 정수역에 사는 버들매치와 달리 유속이 약간 있는 곳에 산다.

한강, 임진강, 금강, 낙동강에 분포한다.

됭경모치 잉어과 | 모래무지아과

Slender sand gudgeon

고유

분포 한강, 임진강, 금강, 낙동강
생활 하천의 저층
먹이 부착 조류, 수서곤충

몸은 매우 길고 원통형이다. 입수염은 1쌍이다. 몸 가운데에
짧은 막대 모양의 진한 갈색 반점이 8~11개 있다. 옆줄 윗
부분의 비늘은 끝에 흑색소포가 밀집되어 마름모꼴로 보인
다. 배에 비늘이 있다. 유속이 느리고 바닥에 모래가 깔린
곳에 산다. 번식기의 산란 행동은 알려지지 않았다.

7~10cm   5~7월(추정)   국지회유

236

뒷경모치 서식지 충청남도 서천군 길산천(금강 하구의 지류).

서해와 남해로 유입되는 하천에 분포한다. 포식성이고 활동 범위가 넓다.

끄리 잉어과 | 끄리아과

Korean piscivorous chub, Three-lips

분포 서해와 남해로 흐르는 하천 (국
외: 일본, 중국, 러시아)
생활 하천의 중·상층
먹이 수서곤충, 갑각류, 물고기

몸은 길고 옆으로 납작하다. 입은 크고 물결 모양으로 휘어
져 있다. 몸은 푸른 갈색이다. 유속이 느린 하천이나 저수지
등에 살며 활동 범위가 넓다. 수서곤충이나 물고기 등을 발
견하면 빠르게 다가가 잡아먹는 매우 사나운 포식성 어류
다. 번식기에는 여울로 이동해 자갈 틈에 알을 낳는다.

20~40cm　　5~7월　　국지회유

한반도 전역에 분포한다.

미꾸라지 미꾸리과

Chinese muddy loach

분포 한반도 전역의 하천 (국외: 중국, 대만)
생활 하천의 저층
먹이 수서곤충 유충, 조류, 유기물 등

미꾸리보다 옆으로 약간 더 납작하다. 입수염은 3쌍이고 아랫입술에 2쌍의 긴 돌기가 있다. 수컷의 가슴지느러미는 암컷보다 길다. 유속이 느린 하천이나 논바닥 등 진흙이 있는 곳에 무리 지어 살며 산란 행동이나 호흡 방법은 미꾸리와 같다. 겨울에는 땅속을 파고 들어가 지낸다.

20cm　　6~7월　　국지회유

239

포란 중인 미꾸라지 암컷 가슴지느러미가 짧다.

미꾸라지 장호흡 호흡을 하기 위해 물 위로 떠올라 입으로 공기를 마신 뒤 다시 물속으로 들어가면서 항문으로 공기 방울을 배출하는 것을 반복한다(원).

미꾸리와 미꾸라지 구분

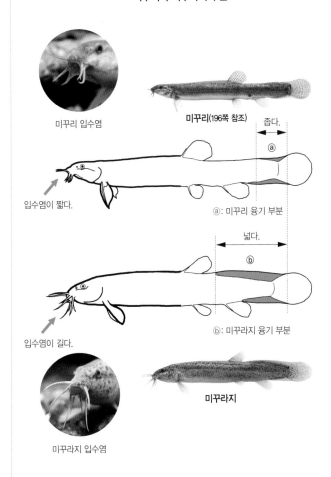

미꾸리 입수염

미꾸리(196쪽 참조)

좁다.

ⓐ

입수염이 짧다.

ⓐ: 미꾸리 융기 부분

넓다.

ⓑ

입수염이 길다.

ⓑ: 미꾸라지 융기 부분

미꾸라지

미꾸라지 입수염

서해와 남해 서부로 유입되는 하천에 분포한다.

점줄종개 미꾸리과

Sand spine loach 고유

몸은 길고 옆으로 납작하다. 입수염은 3쌍이다. 수컷의 가슴 지느러미는 길다. 몸 색깔은 연한 갈색이고 등과 몸통 가운데 굵은 점줄무늬가 있다. 수컷의 점줄무늬는 번식기에 서로 붙어 줄무늬로 바뀐다. 유속이 느린 하천의 모래가 깔린 곳에 산다. 산란 행동은 미꾸리과(科)의 다른 어류와 같다. 2016년 신종으로 기록되었다.

분포 서해와 남해 서부로 흐르는 하천
생활 하천의 저층
먹이 수서곤충

8cm   5~6월   국지회유

점줄종개 수컷의 일부는 암컷으로 성전환을 한다(탐진강 집단). 몸통의 점줄무늬는
번식기에 서로 이어진다(왼쪽 상단 사진).

점줄종개 먹이 활동 모래 속을 파헤쳐 먹이를 먹는다.

243

섬진강 수계에만 분포한다.

줄종개 미꾸리과

Striped spine loach

고유

분포 섬진강, 동진강(이식)
생활 하천의 저층
먹이 수서곤충

몸은 길고 옆으로 약간 납작하다. 입수염은 3쌍이다. 수컷의
가슴지느러미는 길다. 몸 색깔은 연한 황색이며 2줄의 완전
한 줄무늬와 1줄의 불완전한 줄무늬가 있다. 유속이 느린 하
천의 모래와 자갈이 깔린 곳에 산다. 번식기에 수컷은 자신
의 몸으로 암컷의 배를 감아 조여 알을 낳게 하여 방정한다.

 10~15cm　 5~6월　 국지회유

줄종개 점줄종개와 달리 줄무늬가 완전하다.

줄종개 모래와 자갈이 깔린 곳에 산다.

245

한반도 전역의 늪지나 유속이 느린 작은 하천에 분포한다.

쌀미꾸리 종개과

Eight barbel loach

몸은 길고 원통형이다. 입수염은 4쌍이다. 수컷의 몸에는 진한 갈색 줄무늬가 있다. 암컷은 줄무늬는 없고 반점이 많다. 몸집은 수컷보다 크다. 수초가 많고 바닥에 진흙이나 펄이 있는 늪지에 주로 모여 산다. 번식기에 수컷은 암컷을 따라다니며 이른 아침에 수초에 산란한다.

분포 전국의 하천 (국외: 중국, 러시아)
생활 하천의 중 · 저층
먹이 수서곤충

5~6cm 4~6월 정보없음

246

쌀미꾸리 수컷 늪지 바닥의 쌀미꾸리 수컷. 부레가 발달해 있어 중층을 유영한다.

쌀미꾸리 암컷 암컷은 몸에 작은 반점이 조밀하게 나 있다.

동해 북부 연안으로 유입되는 하천을 제외한 전국에 분포하며 두만강 하류에도
분포한다고 알려졌다.

메기 동자개과

Far eastern catfish

분포 동해 북부로 흐르는 하천을 제
외한 전국의 하천 (국외: 일본, 중국,
대만)
생활 하천의 저층
먹이 수서곤충, 물고기, 작은 동물

몸은 원통형이고 뒷부분은 옆으로 납작하다. 입수염은 태어
날 때는 3쌍이지만 아래턱의 1쌍은 크면서 없어진다. 등지느
러미는 작고 뒷지느러미는 광대하다. 유속이 느리고 모래와
진흙이 깔린 곳에 산다. 밤에 주로 활동하며 물고기나 다른
동물을 먹는다. 수컷이 암컷의 몸을 감아 조여 알을 낳게 한다.

 30~50cm 5~7월 국지회유

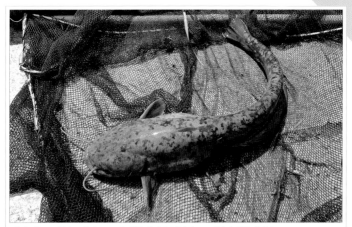

메기 어류 조사 중 포획된 70cm급 대형 메기. 국내에서 1m 이상의 대형 메기가 낚시로 포획되기도 한다.

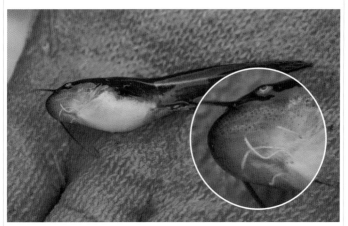

메기 치어의 입수염 치어기에 3쌍(원)이던 입수염은 성장하면서 아래턱의 1쌍이 없어져 2쌍이 된다.

서해와 남해 연안으로 유입되는 하천에 분포한다. 낙동강과 일부 동해안으로
연결되는 하천에는 이식되어 서식한다.

동자개 동자개과

Korean bullhead

제주도

분포 서해와 남해로 흐르는 하천, 낙
동강(이식) (국외: 중국, 대만, 러시
아 동부)
생활 하천의 저층
먹이 수서곤충, 물고기, 새우류, 작은 동물

몸은 길고 머리는 위아래로 납작하다. 입수염은 길고 4쌍이다.
몸 색깔은 황갈색이며 큰 사각형 무늬가 있다. 큰 돌과 모래,
진흙이 깔린 곳에 살며 야행성이다. 수컷은 가슴지느러미로
진흙에 구덩이를 판 뒤 암컷이 산란하면 알을 지킨다. 관절을
비벼 '빠가 빠가' 하는 소리를 내 '빠가사리'라고도 부른다.

20cm

5~7월

국지회유

동자개 치어 성체의 형질을 갖춘 어린 동자개.

입수염의 역할 물고기의 긴 입수염은 감각 기관으로 곤충의 더듬이처럼 물체를 감지하며 맛을 느끼는 것으로 알려졌다.

서해 연안으로 유입되는 하천에 분포한다. 낙동강에는 이식되어 살고 있다.

대농갱이 동자개과

Ussurian bullhead

제주도

분포 서해로 흐르는 하천, 낙동강(이식) (국외: 중국)
생활 하천의 저층
먹이 수서곤충, 물고기, 새우류, 작은 동물

몸은 길고 원통형이며 입수염은 짧고 4쌍이다. 몸 색깔은 진한 갈색이고 연한 갈색 반점이 있다. 모래와 진흙, 자갈이 깔린 곳에 산다. 야행성으로 밤에 주로 활동한다. 번식기의 산란 행동에 대해서는 밝혀진 것이 없다. 같은 장소에서 동자개와 같이 출현하기도 하며 '빠각 빠각' 하는 관절 마찰음을 낸다.

40~50cm

5~6월(추정)

국지회유

두만강 및 동해 북부 연안으로 유입되는 하천에 분포한다.

발기 동사리과

Chinese sleeper

몸은 유선형이고 몸통은 옆으로 약간 납작하다. 입수염은 없다. 입은 크며 위를 향하고 있다. 몸은 회갈색이고 진한 갈색 반점이 있다. 유속이 거의 없는 하천, 습지 등에 산다. 한반도 동·북부 지역에 분포하며 땅을 파고 동면하는 등 생명력이 강하고 물고기와 작은 동물을 탐식한다고 알려져 있다.

분포 북한의 두만강 및 동해 북부로 흐르는 하천 (국외: 중국, 러시아, 몽골, 동유럽)
생활 하천의 중·저층
먹이 수서곤충, 물고기, 양서류, 올챙이

25cm

5~7월   정보없음

253

제주도를 비롯한 휴전선 이남의 한반도 전역의 하천에 분포한다.

갈문망둑 망둑어과

Paradise goby

몸의 앞부분은 원통형이고 뒷부분은 옆으로 납작하다. 머리는
위아래로 납작하다. 몸 색깔은 연한 갈색이고 진한 반점이 있
다. 유속이 느리거나 정체된 곳의 자갈 바닥에 산다. 돌 밑에
알을 낳으며 수컷이 알을 지킨다. 밀어와 비슷하지만, 머리
에 V자 무늬가 없고 뺨에 여러 줄의 붉은색 줄무늬가 있다.

분포 제주도를 포함한 한반도 남부
의 하천 (국외: 일본, 중국)
생활 하천의 저층
먹이 수서곤충, 부착 조류

7~9cm

7~9월

정보없음

갈문망둑 돌 밑이나 틈새에 살며 수서곤충이나 부착 조류를 먹는다.

갈문망둑 거처로 삼은 돌 위에 올라 주변을 살피는 갈문망둑.

255

동해 북부로 유입되는 하천을 제외한 한반도 전 수역에 분포한다.

가물치 가물치과

Snake head

몸은 길고 머리는 위아래로 납작하다. 등지느러미와 뒷지느러미가 길다. 유속이 정체된 곳의 수초 지대에 산다. 번식기에 암수가 같이 수초를 물어다 수면 위에 알집을 만들어 산란하고 함께 알을 지킨다. 치어는 군집 생활을 한다. 비가 오거나 습기가 많은 새벽에 땅으로 나와 기어 다니기도 한다.

분포 동해 북부로 흐르는 하천을 제외한 전국의 하천 (국외: 일본, 중국)
생활 하천의 저층
먹이 수서곤충, 물고기, 양서류 등

50~80cm   5~8월   국지회유

가물치 산란 둥지 주변에서 수정란을 지키고 있는 가물치.

가물치 치어 수천 마리의 치어들은 수컷의 보호 아래 군집해 성장한다.

가물치 유어 어릴 때는 동물성 플랑크톤 등을 먹고 성장하면 물고기, 양서류 등을 먹는다.

한반도 남부의 댐과 저수지, 주요 수계에 방류되어 분포한다.

블루길 <small>검정우럭과</small>

Bluegill

외래

제주도

분포 한반도 남부의 주요 수계 (국외: 북미(원산지), 여러 국가(이식))
생활 하천의 중층
먹이 수서곤충, 갑각류, 물고기 알, 작은 물고기

몸은 둥글며 옆으로 매우 납작하다. 아가미에 파란색 반점이 있다. 몸에 수직 줄무늬가 있다. 유속이 느린 곳에 살며 번식기에 수컷이 알자리를 만들며 알과 치어를 돌본다. 1969년 일본에서 시험 사육 차 도입하였고 이후 자원 조성 목적으로 방류하였다. 번식이 빠르고 토종 수중 생물을 다량 포식한다.

15~25cm 4~6월 국지회유

블루길 높은 번식력으로 일부 하천의 특정 구간이나 몇몇 저수지 등에는 우점종이 되었다.

포획된 블루길 어류 생태 조사 중 포획된 블루길 유어. '생태계교란 야생생물'로 지정되어 있으며 포획 후 방류는 법으로 금지하고 있다.

한반도 남부의 댐과 저수지, 주요 수계에 방류되어 분포한다.

배스 검정우럭과

Large mouth bass

외래

분포 한반도 남부의 댐호와 주요 수계 (국외: 미국(원산지), 전 세계)
생활 하천의 중층
먹이 수서곤충, 갑각류, 작은 물고기

몸은 길고 옆으로 납작하다. 입은 매우 크다. 유속이 느린 곳에 살며 수컷이 자갈 바닥에 만든 산란장에 여러 마리의 암컷이 알을 낳는다. 1973년 미국에서 도입하여 1975년 조종천, 1976년 팔당호에 방류하였다. 물고기와 수중 동물을 다량 포식하여 블루길과 함께 '생태계교란 야생생물'로 지정되었다.

 45~60cm 5~6월 국지회유

배스와 잉어 덩치 큰 잉어 사이에서 헤엄치는 배스.

배스 블루길처럼 일부 하천이나 댐, 저수지 등에 우점종으로 살며 탐식으로 토종 수중 생물을 현저하게 감소시키고 있다.

서해 북부 연안과 동해 연안으로 유입되는 하천에 분포한다.

가시고기 큰가시고기과

Chinese ninespine stickleback

멸종Ⅱ

분포 서해 북부와 동해로 흐르는 하천 (국외: 일본, 중국, 러시아)
생활 하천의 중층
먹이 물벼룩, 깔따구 유충, 실지렁이

몸은 옆으로 납작하고 뒷부분은 매우 가늘다. 등에는 8~9개의 가시가 있고 가시막은 투명하다. 몸 색깔은 연한 갈색이며 진한 갈색 무늬가 있다. 유속이 느린 곳의 수초 지대에 산다. 번식기에 수컷은 수초 줄기 아래에 둥지를 지어 암컷에게 알을 낳게 하고 둥지를 지킨다. 이때 수컷의 몸은 검게 변한다.

9cm

5~6월

국지회유

가시고기 등의 가시 뒤에 있는 가시막은 투명하다.

가시고기 수초 줄기 아랫부분에 산란 둥지를 짓고 산란한다.

동해 북부와 동해 남부 연안으로 유입되는 하천과 낙동강 일부 수계에 분포한다.

잔가시고기 큰가시고기과

Short ninespine stickleback

몸은 옆으로 납작하고 뒷부분은 매우 가늘다. 등에 7~9개의 가시가 있고 가시막은 검다. 몸 색깔은 갈색이며 진한 갈색 무늬가 있다. 유속이 느리거나 고인 곳의 수초 지대에 산다. 산란 행동은 가시고기와 같지만, 둥지는 수초 줄기의 중간에 만든다. 일본에도 분포했으나 멸종된 것으로 알려진다.

분포 강릉 이북의 동해 북부로 흐르는 하천, 낙동강 일부 수계, 형산강, 태화강 (국외: 일본(멸종 추정))
생활 하천의 중층
먹이 물벼룩, 깔따구 유충, 실지렁이

7cm

5~8월

국지회유

잔가시고기 가시막 등의 가시 뒤에 있는 가시막은 검은색이다. 수초 줄기 중간에
산란 둥지를 만든다.

잔가시고기 수컷 가시고기류의 수컷은 자기 영역을 지키는 것에 몰두한다.

265

동해 연안으로 유입되는 하천에 분포한다.

한둑중개 둑중개과

Tuman river sculpin

멸종 Ⅱ

분포 동해로 흐르는 하천 (국외: 일본, 러시아)
생활 하천의 저층
먹이 수서곤충

몸은 원통형이고 머리와 입이 크다. 몸 색깔은 회갈색이고 꽃모양의 흰색 반점이 있다. 연안과 연결된 물이 맑은 하천 중·하류의 유속이 빠른 곳에 산다. 번식기에 암컷은 돌 밑에 알을 낳고 수컷이 알을 지킨다. 알에서 부화한 새끼는 물결 따라 바다로 내려갔다가 한 달 정도 후 하천으로 다시 올라온다.

 15cm   3~6월   양측회유

한둑중개 주변 환경에 맞추어 몸 색깔을 바꾼 한둑중개.

한둑중개 새끼 때 하구나 연안으로 갔다가 하천으로 올라온다.

05

하천 하류에서
만나는 물고기

하류의 환경
물길은 들판을 흐르며 유속은 느리고 수심이 깊어진다. 바닥은 모래와 진흙으로 구성되며
평탄하다. 상대적으로 가벼운 진흙은 더 아래쪽에 침전된다. 활동 반경이 넓거나 덩치 큰
담수어가 산다.

러시아산 스텔렛 철갑상어. 서해와 남해 연안으로 유입되는 하천의 하구에 분포한다. 1970년대 이후로 남한에서 발견되었다는 공식 기록이 없다.

철갑상어 철갑상어과

Chinese sturgeon

러시아산 베스테르 철갑상어

분포 서해와 남해로 흐르는 하천의 하구 (국외: 일본, 중국)
생활 하천의 저층
먹이 수서곤충, 조개류, 게, 새우류, 어린 물고기

몸은 원통형이다. 주둥이는 길고 뾰족하다. 입수염은 2쌍이다. 등과 몸의 양쪽에는 5줄의 톱니 모양의 굳비늘이 있다. 강어귀와 바다를 오가며 살며 주로 바닥층에서 생활한다. 번식기에 강 하구로 무리 지어 이동해 산란한 뒤 다시 바다로 간다. 부화한 새끼들은 연안으로 내려가 성어가 된다.

130cm

10~11월

소하회유

270

철갑상어 원시 어류로 분류되며 조상 어류의 특징인 골질(骨質)의 굳비늘이 남아있다.

시험 사육 중인 철갑상어 현재 국가 연구 기관에서 복원 사업이 진행 중이다.

서해와 남해 해안으로 유입되는 주요 하천과 저수지에 서식한다. 일본 최대 호수인 시가현의 비와호(湖)가 원산지이다.

떡붕어 잉어과 | 잉어아과

Japanese white crucian carp 외래

제주도

분포 서해와 남해로 흐르는 주요 하천과 저수지 (국외: 일본)
생활 하천의 중 · 하층
먹이 식물성 플랑크톤, 실지렁이, 수서곤충, 물풀, 유기물 등

몸은 타원형이고 옆으로 납작하다. 붕어보다 등이 높고 눈과 입의 높이는 거의 일치한다. 일본의 비와호(湖)가 원산지이며 1972년 우리나라에 처음 도입되었다. 이후 전국의 댐, 저수지 등에 방류되어 곳에 따라 토종 붕어보다 더 많이 발견되기도 한다. 수초에 산란하며 붕어보다 성장이 2배 정도 빠르다.

 20~40cm 4~7월 국지회유

금강 이북의 서해 연안으로 유입되는 하천에 분포한다.

두우쟁이 잉어과 | 모래무지아과

Chinese lizard gudgeon

몸은 길쭉하고 원통형이다. 입수염은 1쌍이다. 등지느러미는 몸의 앞부분에 있다. 몸 가운데에 암청색의 반점이 있다. 큰 강이나 하천의 하류에 살며 번식기에 무리 지어 하천 중류의 여울로 이동해 산란한다. 이때 수컷의 주둥이와 몸은 붉은색을 띤다. 부화한 새끼들은 하류로 내려간다.

분포 서해 중 · 북부로 흐르는 하천 (국외: 중국, 러시아 동 · 북부, 베트남)
생활 하천의 저층
먹이 부착 조류, 수서곤충

 20~25cm

4월

 국지회유

273

서해와 남해로 유입되는 하천에 분포한다.

강준치 잉어과 | 강준치아과

Predatory carp, Skygager

몸은 길고 옆으로 매우 납작하다. 입은 크고 위로 경사져 있다. 배에 칼날 같은 돌기가 있다. 꼬리지느러미 하엽이 길다. 유속이 느린 큰 강의 하류나 댐호 등의 수면 가까이에 살며 물고기나 수중 생물을 먹는다. 어릴 때는 무리 지어 지내다 성장하면 단독 생활을 한다. 1m 넘게 자라기도 한다.

분포 서해와 남해로 흐르는 하천 (국외: 중국, 대만)
생활 하천의 중·상층
먹이 수서곤충, 갑각류, 물고기

40~50cm | 5~7월 | 국지회유

강준치 물의 중층과 상층 사이에서 생활하며 물고기 등의 수중 생물을 먹는다.

강준치 치어 하천 표층의 강준치 치어 무리.

금강, 영산강, 낙동강에 분포한다.

백조어 잉어과 | 강준치아과

White skygager

멸종II

분포 금강, 영산강, 낙동강 (국외: 중국, 대만)
생활 하천의 중·상층
먹이 수서곤충, 갑각류, 물고기

몸은 길고 옆으로 매우 납작하다. 주둥이는 뾰족하며 입은 위로 향해 있다. 배에 칼날 같은 돌기가 있으며 꼬리지느러미 하엽은 상엽보다 약간 길다. 몸 색깔은 은백색이다. 유속이 느린 하천 하류나 저수지 등에 산다. 수면 근처를 빠르게 유영하면서 작은 물고기나 수서곤충 등을 잡아먹는다.

20~25cm   5~7월   정보없음

서해 중부 연안으로 유입되는 하천에 분포한다.

눈불개 잉어과 | 눈불개아과

Barbel chub

제주도

분포 한강, 임진강, 금강, 만경강, 북한의 대동강 (국외: 중국)
생활 하천의 중·상층
먹이 수서곤충, 갑각류, 물고기, 부착 조류

몸은 길고 원통형이다. 짧은 입수염이 1쌍 있다. 눈에 붉은색의 반원 무늬가 있다. 몸 색깔은 연한 갈색이며 비늘 끝에 흑색소포가 있어 여러 개의 줄무늬를 형성한다. 단독으로 생활하다가 번식기에는 무리 짓고 산란이 끝나면 다시 흩어지는 것이 관찰된다. 자세한 산란 행동은 알려지지 않았다.

 30~50cm   6~8월   국지회유

전국의 여러 하천에 방류되었으나 국내의 환경에 적응하지 못했다.

초어 잉어과 | 눈불개아과

Grass carp

외래

분포 전국의 여러 하천과 댐호에 방류 (국외: 중국(원산지))
생활 하천의 중 · 상층
먹이 수중 식물, 수변 육상 식물

50~100cm   6~7월   정보없음

몸은 길고 옆으로 약간 납작하다. 입은 작고 입수염은 없다.
유속이 느린 하천의 하류나 저수지, 댐호에 살며 물속의 식
물과 일시적으로 물에 잠기거나 물 위에 떨어진 육상 식물
을 먹는다. 원산지는 중국이며 우리나라에는 1963년 일본에
서 도입하였으나 자연에 적응하지 못하였다.

서해 연안으로 유입되는 하천과 낙동강에 분포한다.

밀자개 동자개과

Light bullhead

분포 서해로 흐르는 하천, 낙동강
(국외: 중국)
생활 하천의 저층
먹이 수서곤충, 새우류, 물고기

10~15cm   5~6월(추정) 정보없음

몸은 길고 머리는 위아래로 납작하다. 동자개보다 몸이 약
간 홀쭉하다. 입수염은 짧고 4쌍이다. 꼬리지느러미는 깊게
파였다. 몸 색깔은 황갈색이다. 유속이 느리거나 정체된 하
천 하류의 진흙이 깔린 곳에 산다. 산란 행동에 대해서는 알
려지지 않았다. 어부들은 '밀빠가'라고 부르기도 한다.

한강과 금강, 북한의 대동강에 분포했으나 1970년대 이후 나타나지 않아 절멸된 것으로 추정된다.

종어 동자개과

Long snouted bullhead

분포 한강, 금강, 북한의 대동강 (국외: 중국)
생활 하천의 저층
먹이 수서곤충, 새우류, 물고기

50cm   4~6월(추정)   정보없음

몸은 길고 원통형이며 머리는 위아래로 납작하다. 입수염은 4쌍으로 짧다. 몸 색깔은 진한 갈색이다. 유속이 느린 강 하류의 모래와 진흙이 깔린 곳에 산다. 한강과 금강 등에 살았으나 절멸한 것으로 추정되어 종 복원 사업이 진행 중이며 금강에 인공 부화한 치어와 미성어를 방류하고 있다.

280

종어 복원 사업이 국가 기관을 통해 진행되고 있으며 2008년, 2016년, 2017년에 중국으로부터 도입하여 인공 부화한 종어를 금강에 방류한 바 있다.

종어 치어 동자개과(科) 어류 중 가장 큰 크기로 자란다.

한강, 임진강, 금강, 동진강 등에 분포한다.

강주걱양태 <small>돛양태과</small>

Dragonet fish

몸은 위아래로 납작하다. 위에서 본 모습은 마치 주걱 같다. 눈은 위로 솟고 등 쪽에 아가미구멍이 있다. 강 하류와 연안의 모랫바닥에 산다. 중류에서 발견되기도 하며 산란 행동에 대해서는 알려지지 않았다. 주변 환경에 맞추어 몸 색깔을 바꾸기도 하며 모래 속에 잘 숨는다.

분포 한강, 임진강, 금강, 동진강 등의 하류 (국외: 중국)
생활 하천의 저층
먹이 갯지렁이, 소형 갑각류

 7cm　　 5~6월　　• 정보없음

282

강주걱양태 입자가 매우 가는 모래가 깔린 곳에 살며 모래 속에 잘 숨는다.

강주걱양태 유영 가슴지느러미는 활짝 편 채로 배지느러미를 움직여 생긴 추진력으로 헤엄치거나 모랫바닥을 이동한다.

06

강 하구 · 기수역 · 연안에서 만나는 물고기

강 하구 · 기수역 · 연안의 환경

해수와 섞이는 하구나 기수역에는 염분 농도 변화에 적응하는 어류가 살며 번식기에 산란지로 향하는 소하성, 강하성 어류들이 이곳을 거쳐 이동한다. 조수 간만의 차로 썰물에 드러나는 갯벌은 하천으로부터 많은 영양 염류가 공급돼 해양과는 다른 생태계가 조성된다. 연안에서 생활하는 어류 중 일부는 일시적으로 담수를 왕래한다.

동해 중부와 동해 남부로 유입되는 하천의 하구와 연안에 분포한다.

날망둑 망둑어과

Chestnut goby

몸은 길며 앞부분은 통통하고 뒷부분은 가늘다. 몸 색깔은 황갈색이고 황색의 수직 줄무늬가 있다. 연안이나 연안으로 흐르는 하천의 하구에 산다. 암컷은 돌 밑에 산란하고 수컷은 알이 부화할 때까지 알을 지킨다. 번식기에 암컷의 꼬리지느러미, 가슴지느러미 외의 지느러미는 검은색이 된다.

분포 동해 중 · 남부로 흐르는 하천의 하구와 연안 (국외: 일본, 중국)
생활 하천의 중 · 하층
먹이 동물성 플랑크톤, 작은 동물

8~9cm 1~4월 소하회유

286

날망둑 부레가 발달하여 수중의 중층을 유영한다.

산란을 마친 날망둑 암컷

전국의 연안 및 연결 하천의 하구에 분포한다.

꾹저구 망둑어과

Floating goby

몸은 길며 머리는 위아래로 납작하고 몸의 뒷부분은 옆으로
납작하다. 몸 색깔은 황갈색이다. 등지느러미에 검은색 반점
이 있다. 강 하구의 유속이 빠르고 자갈이 있는 곳에 산다.
하천의 중류에서 발견되기도 한다. 번식기에 암컷의 배는
황색이 된다. 돌 밑에 알을 낳고 수컷이 알을 지킨다.

분포 전국의 연안 및 연결 하천의 하
구 (국외: 일본, 러시아)
생활 하천의 저층
먹이 물벼룩, 수서곤충, 실지렁이 등

10cm　　5~7월　　국지회유

꾹저구 유속이 빠르고 자갈이 많이 깔린 곳에 산다.

어린 꾹저구

군산과 부안 앞바다로 유입되는 하천 하구와 섬진강 하구에 분포한다.

왜꾹저구 망둑어과

Bigjaw goby

분포 금강, 동진강, 만경강, 섬진강 등의 하구와 연안 (국외: 일본, 중국)
생활 하천의 저층
먹이 무척추동물, 수중 식물

4~5cm   2~4월(추정) 정보없음

몸은 가늘고 길며 머리는 위아래로 납작하다. 눈동자는 주
홍색이다. 몸 색깔은 연한 갈색이며 갈색의 얼룩무늬가 있
다. 배 쪽은 흰색이다. 제2등지느러미, 꼬리지느러미 가장자
리에 흰색 띠무늬가 있다. 연안이나 기수역, 강 하구의 모랫
바닥에 살며 무척추동물이나 수중 식물을 먹고 산다.

왜꾹저구 망둑어과(科) 어류 중 몸집이 가장 작다. 눈동자는 주홍색이다.

왜꾹저구 치어 성체의 형질을 갖춘 어린 왜꾹저구.

전국의 연안 및 연결 하천의 하구에 산다.

흰발망둑 망둑어과

White limbed goby

분포 전국의 연안 및 연결 하천의 하구 (국외: 일본, 중국, 러시아)
생활 하천의 저층
먹이 갑각류, 다모류

몸은 길고 원통형이며 뒷부분은 옆으로 납작하다. 눈은 머리 위쪽에 있다. 몸 색깔은 황색이고 11~13개의 연한 황색 줄무늬가 있다. 꼬리지느러미 아래에 사선 무늬가 있다. 번식기에 수컷의 제1등지느러미 가시는 길어진다. 기수역에 살며 담수역을 오간다. 산란은 담수역에서 한다.

10cm   5~9월   정보없음

292

흰발망둑 기수역에 주로 살면서 담수역을 오간다.

어린 흰발망둑

동해 북부 연안을 제외한 전국의 연안 및 연결 하천의 하구에 분포한다.

풀망둑 망둑어과

Javelin goby

분포 동해 북부 연안을 제외한 전국의 연안 및 연결 하천의 하구 (국외: 일본, 중국, 대만, 인도네시아)
생활 하천의 저층
먹이 작은 물고기, 갑각류, 다모류 등

몸은 길고 머리는 위아래로 납작하다. 눈은 머리 위에 있고 이마는 둥글다. 몸 색깔은 연한 갈색이다. 어릴 때 생겼던 몸의 반점은 자라면서 없어진다. 강 하구나 기수역에 살며 번식기에 Y자 형태로 굴을 파고 산란하며 수컷은 알을 지킨다. 망둑어과(科) 어류 중 가장 크다. 성어가 되면 몸이 더 길어진다.

50cm 4~5월 정보없음

풀망둑 머리가 비교적 크고 몸이 길다.

풀망둑 망둑어과(科) 어류 중 몸집이 가장 크다.

295

제주도를 제외한 전국의 연안 연결 하천의 하구에 분포한다.

민물두줄망둑 망둑어과

Shimofuri goby

몸은 길고 원통형이며 뒷부분은 옆으로 납작하다. 몸 색깔은
연한 갈색이고 머리에서 몸 뒷부분까지 2개의 줄무늬가 있다.
바위가 있는 조간대나 기수역에 살며 담수를 왕래한다. 번식
기에 암컷은 돌 밑이나 조개껍데기에 알을 낳고 수컷이 알을
지킨다. 거처를 중심으로 세력권을 형성하여 항상 텃세한다.

분포 제주도를 제외한 전국의 연안
연결 하천의 하구 (국외: 일본, 중국)
생활 하천의 저층
먹이 소형 갑각류, 갯지렁이

10cm   4~8월   정보없음

민물두줄망둑 몸의 줄무늬는 때에 따라 사라지기도 한다.

민물두줄망둑 텃세 거처 주변에 세력권을 형성해 다른 개체의 접근을 막는다.

전국 연안으로 연결되는 하천의 하구에 분포한다.

검정망둑 망둑어과

Dusky tripletooth goby

몸은 길고 원통형이며 뒷부분은 옆으로 납작하다. 제1등지느러미는 뒤로 젖히면 제2등지느러미 중간에 닿는다. 몸은 암갈색이고 머리에는 푸른색 반점이 있다. 강 하류나 하구의 돌이나 바위가 있는 곳에 살며 번식기에 수컷은 돌 밑에 산란장을 만들고 암컷이 산란한 알을 지킨다.

분포 제주도를 포함한 전국의 연안 연결 하천의 하구 (국외: 일본, 중국)
생활 하천의 저층
먹이 조류, 작은 물고기, 무척추동물

 8~10cm   5~9월   정보없음

검정망둑 제1등지느러미가 민물검정망둑보다 길다.

검정망둑 머리의 무늬 머리의 푸른색 반점의 크기가 일정하다.

제주도를 제외한 전국의 하천 하구에 분포한다.

민물검정망둑 망둑어과

Trident goby

분포 제주도를 제외한 전국의 하천
(국외: 일본)
생활 하천의 저층
먹이 부착 조류, 수서곤충, 작은 물고기

몸은 길고 원통형이며 뒷부분은 옆으로 납작하다. 몸 색깔은
자주빛이 나는 암갈색이고 머리에는 푸른색 반점이 있다. 바
닷물의 영향을 받지 않는 강 하구의 담수역을 비롯해 하천의
중류까지 진출해 산다. 암컷은 돌 밑에 알을 낳고 수컷이 알
을 지킨다. 제1등지느러미 기조는 검정망둑보다 짧다.

10~15cm 5~7월 국지회유

민물검정망둑 하구 뿐만 아니라 하천 중류까지 진출해 살며 내륙의 여러 하천에 이식되었다.

민물검정망둑 거처 주변으로 세력권을 형성하며 다른 개체가 접근하면 입을
크게 벌리고 위협해 쫓아낸다.

서해 및 남해 연안과 연결 하천의 하구에 분포한다.

모치망둑 망둑어과

Estuarine goby

몸은 원통형이며 뒷부분은 옆으로 납작하다. 제1등지느러미의
가시는 길다. 몸은 연한 갈색이고 앞부분에는 엇갈린 수직 줄
무늬가 있고 뒷부분은 2줄의 수평 줄무늬가 있다. 연안과 기수
역의 모래나 진흙 바닥의 구멍에 산다. 번식기에 수컷의 지
느러미 끝에는 황색이 나타나며 암컷이 낳은 알을 지킨다.

분포 서해 및 남해 연안과 연결 하천
의 하구 (국외: 일본, 중국, 대만)
생활 수중의 중 · 저층
먹이 작은 저서동물, 유기물

5cm   6~8월   정보없음

모치망둑 수컷 산란기에 제1등지느러미 기조가 길어진다.

모치망둑 유영 머리를 위로 향한 자세로 천천히 유영하거나 정지해 있기도 한다.

서해 남부와 남해 서부 연안의 갯벌에 분포한다.

짱뚱어 망둑어과

Blue spotted mud hopper

분포 서해 남부와 남해 서부 연안
(국외: 일본, 중국, 대만, 미얀마)
생활 개펄 위
먹이 동물성 플랑크톤, 조류 등

몸은 길고 원통형이다. 제1등지느러미는 크고 부채처럼 둥글
다. 몸은 회청색이고 푸른색 반점이 있다. 개펄에 구멍을 파
고 살며 가슴지느러미를 앞뒤로 움직여 이동하고 높이 뛰어
오를 때는 몸의 반동을 이용한다. 살던 구멍에 산란하며 수컷
이 알을 지킨다. 개펄을 훑어 먹이를 먹고 피부 호흡을 한다.

 15~20cm   5~8월   회유없음

짱뚱어와 칠게 다른 짱뚱어나 게와 마주치면 지느러미를 활짝 펴 경계한다.

짱뚱어 먹이 활동 개펄을 이빨로 갉아 동물성 플랑크톤이나 조류를 먹는다.

입 닦는 짱뚱어 입 안에 붙은 개펄 흙을 고인 물로 닦아 내고 있는 짱뚱어.

썰물의 짱뚱어 물이 빠지자 구멍에서 나온 짱뚱어 무리.

짱뚱어 서식지 전라남도 신안군 증도 갯벌.

서해 남부와 남해 서부 연안의 갯벌에 분포한다.

남방짱뚱어 망둑어과

Gigas goby

분포 서해 남부와 남해 서부 연안
(국외: 중국)
생활 개펄 위
먹이 동 · 식물성 플랑크톤

몸은 길고 원통형이며 뒷부분은 옆으로 납작하다. 제1등지
느러미는 좁고 길며 양쪽 테두리는 검은색이다. 몸 색깔은
회청색이다. 머리와 가슴지느러미 기부에 흰색 반점이 있다.
구멍을 파고 살며 개펄을 훑어 먹이를 얻는다. 출구가 2개인
Y자 형태의 굴에 알을 낳는다. 피부로 호흡을 한다.

 20cm　　 6~7월　　 회유없음

남방짱뚱어와 짱뚱어 서식지를 공유하는 남방짱뚱어(가운데)와 짱뚱어(오른쪽).

남방짱뚱어

푸른색 반점

짱뚱어(304쪽 참조)

남방짱뚱어와 짱뚱어의 구분 남방짱뚱어는 제1등지느러미가 좁고(화살표①), 뺨과 아가미 덮개, 가슴지느러미 기부에 흰색 반점이 있다(화살표②). 짱뚱어의 몸과 지느러미에는 푸른색 반점이 있다.

서해와 남해 연안에 분포한다.

말뚝망둥어 망둑어과

Dusky mudskipper, Shuttles hoppfish

몸은 길며 뒷부분은 옆으로 납작하다. 눈은 머리 위로 돌출되어 있다. 몸 색깔은 회갈색이고 검은색 반점이 있다. 개펄에 구멍을 파고 생활하며 가슴지느러미를 움직여 이동하고 높은 곳을 기어오른다. 구멍이 무너져 훼손되면 입으로 진흙을 물어내어 수리한다. 암컷은 구멍에 산란하며 수컷이 알을 지킨다.

분포 서해와 남해 연안 (국외: 일본, 중국, 호주, 인도)
생활 개펄 위
먹이 곤충, 갑각류, 다모류

10cm   6~7월   회유없음

말뚝망둥어의 거처 개펄에 파놓은 구멍에서 생활하며 밖에서 활동하다 햇볕에 몸이 마르면 구멍 안에 고인 물로 몸을 적시고 나온다. 피부 호흡을 한다.

말뚝망둥어 유어 부화 후 2개월 정도 자란 말뚝망둥어 새끼들.

말뚝망둥어와 농게 개펄의 둔덕에 구멍을 판 말뚝망둥어. 주변의 게와 구멍을 놓고 다투기도 한다.

말뚝망둥어 섭식 육식성인 말뚝망둥어가 다모류인 갯지렁이(원)를 잡아먹고 있다.

말뚝망둥어 서식지 경기도 시흥시 대부도 갯벌.

서해와 남해 연안에 분포한다.

큰볏말뚝망둥어 망둑어과

Large fin mudskipper

고유

분포 서해와 남해 연안
생활 개펄 위
먹이 곤충, 갑각류, 다모류

몸은 길며 뒷부분은 옆으로 납작하다. 제1등지느러미는 말뚝
망둥어보다 크다. 몸 색깔은 흑갈색이고 온몸에 반점이 있다.
개펄에 구멍을 파고 살며 물이 차면 구멍에 있고 물이 빠지
면 밖으로 나와 가슴지느러미와 꼬리지느러미를 이용해 밖
을 돌아다닌다. 구멍에 산란하고 수컷이 알을 지킨다.

8~10cm   5~8월   회유없음

큰볏말뚝망둥어 제1등지느러미가 말뚝망둥어보다 크다.

큰볏말뚝망둥어 뺨과 몸통에 흰색 반점이 있다. 피부 호흡을 한다.

한반도 전 연안과 연결 하천의 하구, 기수역에 분포한다.

미끈망둑 망둑어과

Flat head goby

몸은 가늘고 길다. 머리는 위아래로 납작하고 양 눈의 간격
은 멀다. 등지느러미는 1개이며 몸의 뒷부분에 있다. 몸 색깔은
황갈색이고 검은색의 매우 작은 반점이 밀집되어 있다. 연안
으로 흐르는 하천 하류나 기수역의 돌이 깔린 곳에 산다. 번
식기에 암컷은 돌 밑에 알을 낳고 수컷은 수정된 알을 지킨다.

분포 한반도 전 연안 및 연결 하천
의 하구, 기수역 (국외: 일본, 중국)
생활 연안의 저층
먹이 작은 무척추동물

8cm   1~5월   정보없음

미끈망둑 비늘은 없고 피부에 점액이 있어 미끈거리며 움직임이 빠르다.

미끈망둑 수컷 번식기에 수컷의 머리는 붉어지고 몸은 검은색이 된다.

남해 연안과 연안으로 유입되는 하천의 하구나 기수역에 분포한다. 몸이 투명해
포란 중인 암컷의 알이 보인다.

사백어 망둑어과

Ice goby

분포 남해 연안 및 유입 하천의 하
구, 기수역 (국외: 일본)
생활 하천의 저층
먹이 동물성 플랑크톤, 소형 갑각류

몸은 가늘고 길며 눈은 비교적 크다. 등지느러미는 1개이고
몸의 뒷부분에 있다. 몸은 투명해 골격과 내장 기관이 보인
다. 1년생으로 연안에서 살다가 번식기인 봄에 하천으로 올
라와 산란하며 암컷은 바로 죽고 수컷은 알을 지키다 새끼
가 부화하면 죽는다. 죽으면 곧바로 몸이 흰색으로 변한다.

 4~5cm   3~4월   소하회유

돌 틈의 사백어

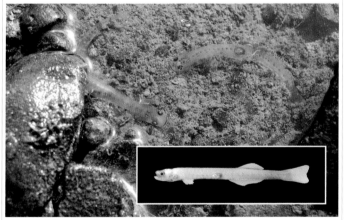

담수의 사백어 번식기에 하천으로 소상해 산란한다. 네모 안은 죽은 뒤 흰색으로 변한 사백어.

서해와 남해 연안과 연안으로 유입되는 하천의 하구나 기수역에 분포한다.

개소겡 망둑어과

Green eel goby

분포 서해와 남해 연안 및 유입 하천의 하구, 기수역 (국외: 일본, 중국, 대만 등)
생활 개펄 위
먹이 물고기, 조개류, 요각류

몸은 길고 가늘다. 입은 크며 이빨이 입술 밖으로 돌출되어 있다. 눈은 매우 작다. 등지느러미, 뒷지느러미, 꼬리지느러미는 연결되어 었다. 조간대의 수심이 얕은 웅덩이에 입구가 여러 개인 구멍을 파고 산다. 각각의 구멍은 맨 아래에서 하나로 합쳐진다. 남해안 지역에서는 '대갱이'라고 부른다.

 35cm   7월   회유없음

개소겡 앞모습 입은 크고 눈은 매우 작다. 가슴지느러미의 기조막은 기부에만 있다.

개소겡 서식지 밀물에 잠기고 썰물에 물이 고이는 조수 웅덩이에 산다.

전국의 연안과 연안으로 유입되는 하천의 하구, 기수역에 분포한다.

숭어 숭어과

Flathead grey mullet

분포 전국의 연안 및 유입 하천의 하구, 기수역 (국외: 전 세계)
생활 수중의 상층
먹이 식물성 플랑크톤, 조류, 유기물

50~70cm　10~11월　강하회유

몸은 길며 앞부분은 둥글고 뒷부분은 옆으로 납작하다. 머리는 앞으로 쏠린 쐐기 모양이고 기름 눈꺼풀이 있다. 꼬리지느러미는 깊게 파여 있다. 몸 색깔은 회청색이며 등 쪽은 푸르고 가슴지느러미 시작 부분에 파란색 반점이 있다. 무리 지어 살며 외해의 바위에 산란하고 봄에 하천의 하구로 이동한다.

숭어와 가숭어 비교

눈동자 둘레가 희다.

숭어 머리 앞모습

꼬리지느러미가
깊게 파이고
위아래 끝이 뾰족하다.

가슴지느러미 기부에
파란색 반점이 있다.

등이 푸르다.

머리가
크다.

숭어

가슴지느러미 기부에
파란색 반점이 없다.

등이 덜 푸르다.

머리가
작다.

가숭어(324쪽 참조)

꼬리지느러미가
완만하게 파이고
위아래 끝이 뭉툭하다.

눈동자 둘레가 노랗다.

가숭어 머리 앞모습

제주도를 제외한 전국의 연안과 연안으로 유입되는 하천의 하구, 기수역에 분포한다.

가숭어 숭어과

Redlip mullet

몸은 길며 앞부분은 둥글고 뒷부분은 옆으로 납작하다. 머리는 쐐기 모양이다. 눈동자가 노랗고 숭어보다 기름 눈꺼풀이 덜 발달해 있으며 꼬리지느러미는 완만하게 파여 있다. 몸 색깔은 회청색이다. 연안이나 기수역의 수면 가까이에서 무리 지어 생활하며 산다. 먹이를 따라 하천의 하류로 이동하기도 한다.

분포 제주도를 제외한 전국의 연안 및 유입 하천 하구, 기수역 (국외: 일본, 중국)
생활 수중의 상층
먹이 식물성 플랑크톤, 조류, 유기물

 80cm　 3~5월　 강하회유

담수역의 가숭어 한강 하구와 연결된 안양천의 하류(도림천 합류 지점, 서울 양천구 신정동)로 올라온 가숭어 무리.

어린 가숭어 연안으로 흐르는 하천 하구에서 먹이 활동을 하고 있는 가숭어 유어들.

전국의 연안과 기수역에 분포한다.

복섬 황복과

Grass puffer

분포 전국의 연안 및 기수역 (국외:
일본, 중국)
생활 하천의 중층
먹이 갑각류, 갯지렁이, 작은 물고기

몸은 원통형이며 앞부분은 퉁퉁하고 뒷부분은 가늘다. 눈은 약
간 튀어나왔고 눈동자는 붉은색이다. 등지느러미와 뒷지느러
미는 몸의 뒷부분에 있다. 기수역에 주로 살지만 담수역에도
진출한다. 번식기에 자갈이 깔린 해안에서 만조 직전에 암수
가 집단으로 뒤섞여 산란한다. 피부와 내장에 강한 독이 있다.

 20cm   5~7월   국지회유

복섬 피부와 내장에 강한 독이 있다.

복섬 어린 개체들은 담수역에서도 발견된다.

07

소하천 · 농수로 · 연못에서
만나는 물고기

소하천 · 농수로 · 연못의 환경

하천 본류로 연결되는 작은 개울은 유속은 느리고 물의 양이 적어 햇볕을 받으면 수온이
높게 올라간다. 경사면의 개울은 자갈과 모래로, 평지의 개울은 대체로 진흙으로 바닥이 구
성된다. 농업용수로 쓰기 위해 물길이 돌려진 농수로는 농사가 끝나는 철에는 물이 마른다.
연못은 다양한 수중 생물이 사는 정수역이다. 소하천 · 농수로 · 연못에는 소형 어류나 진흙
에 구멍을 파고 사는 어류가 산다.

서해와 남해로 유입되는 하천에 분포한다.

왜몰개 잉어과 | 끄리아과

Venus fish

제주도

분포 서해와 남해로 흐르는 하천 (국외: 일본, 중국, 대만)
생활 하천의 상층
먹이 수서곤충, 육상 곤충, 장구벌레, 소형 갑각류

몸은 작고 옆으로 납작하다. 입은 위를 향해 있다. 몸 가운데에 진한 갈색 줄무늬가 연하게 있다. 유속이 느리거나 정체된 소하천, 농수로, 웅덩이 등의 수면 가까이에서 무리 지어 살며 송사리나 버들붕어와 함께 산다. 번식기에 수초에 알을 붙인다. 몸집이 작아 이름 앞에 왜(矮) 자가 붙었다.

 4~6cm   5~6월   회유없음

왜몰개 도랑이나 농수로, 웅덩이 등에 무리 지어 산다.

왜몰개 잉어과(科) 어류 중 몸집이 가장 작다.

서해와 남해로 유입되는 일부 하천에 분포한다.

좀구굴치 동사리과

Dwarf sleeper

제주도

분포 서해와 남해로 흐르는 일부 하
천 (국외: 중국)
생활 하천의 중 · 저층
먹이 물벼룩, 깔따구 유충, 실지렁이 등

몸은 아주 작고 옆으로 납작하다. 몸 색깔은 황갈색이고 굵
은 수직 줄무늬가 있다. 유속이 느리거나 정체된 곳의 수초
지대에 무리 지어 산다. 번식기에 수컷이 돌 밑을 청소하여
산란장을 만들면 여러 마리의 암컷이 찾아와 알을 낳으며
수컷은 알이 부화할 때까지 그 자리에 남아 알을 돌본다.

4~5cm　　4~6월　　정보없음

좀구굴치 천천히 신중하게 헤엄치며 같은 자리에 정지한 상태로 오래 머물기도 한다.

좀구굴치 유속이 매우 느리거나 흐름이 정지된 곳에서 무리 지어 산다.

남해와 동해로 유입되는 하천에 분포한다.

송사리 송사리과

Asiatic ricefish

몸의 앞부분은 통통하고 뒷부분은 옆으로 납작하다. 아래턱이 길다. 뒷지느러미는 암컷은 삼각형에 가깝고 수컷은 사각형에 가깝다. 유속이 느리거나 정체된 곳에 무리 지어 살며 번식기에 암컷은 수정된 알을 배에 매달고 다니다가 수초에 붙인다. 하천과 연결된 해안에서도 발견되며 수질 오염에 잘 견딘다.

분포 남해와 동해로 흐르는 하천 (국외: 일본)
생활 하천의 상층
먹이 동물성 플랑크톤, 장구벌레

4cm

5~7월, 9~10월
(연중 2회)

회유없음

334

송사리 암컷 암컷의 배에 매달린 수정란. 알은 수초 잎이나 가지에 몇 개씩 붙이며(원) 여러 차례 산란한다.

송사리 무리

서해로 유입되는 하천과 섬, 섬진강에 분포한다.

대륙송사리 송사리과

Ricefish

체형은 송사리와 같고 몸집은 송사리보다 약간 작다. 몸의 흑색소포는 송사리보다 적거나 없다. 유속이 느리거나 정체된 곳에 무리 지어 산다. 번식기에 암컷은 배에 수정된 알을 포도송이처럼 매달며 몇 개씩 수초에 붙인다. 수질이 오염된 곳에서도 산다.

분포 서해로 흐르는 하천 및 도서, 섬진강 (국외: 중국)
생활 하천의 상층
먹이 동물성 플랑크톤, 장구벌레

 3~4cm   5~7월, 9~10월 (연중 2회)   회유없음

대륙송사리 송사리와 구분이 어려우나 송사리보다 몸집이 작고 분포하는 지역이 다르다.

대륙송사리 무리 항상 무리 지어 생활한다.

서해 중부와 서해 남부, 남해로 유입되는 하천에 분포한다.

드렁허리 드렁허리과

Ricefield swamp eel, Asian swamp eel

몸은 매우 길며 원통형이다. 지느러미는 퇴화되었다. 몸 색깔은 주황색이며 검은색 반점이 많다. 늪지나 논바닥 등에 살며 수면으로 올라와 주둥이로 공기를 들이마셔 턱 밑에 가두고 물속에서 산소를 흡수한다. 바닥의 구멍에 산란하고 수컷이 알을 지킨다.

분포 서해 중·남부와 남해로 흐르는 하천 (국외: 일본, 중국, 인도네시아)
생활 하천의 저층
먹이 작은 물고기, 곤충, 지렁이

60cm 6~7월 회유없음

드렁허리 바닥에서 생활하며 굴을 파고 산란한다. 암컷의 일부가 수컷으로 성전환 하는 것으로 알려졌다.

공기를 흡입하는 모습 물 밖으로 주둥이를 내밀어 들여 마신 공기는 턱 밑의 주머니에 저장한다.

공기를 다 소비한 모습 공기를 다 소비하면 부풀었던 턱 밑이 줄어들며 다시 수면으로 부상한다.

서해와 남해, 동해 남부로 유입되는 하천에 분포한다.

버들붕어 버들붕어과

Round tailed paradise fish

분포 서해와 남해, 동해 남부로 흐르는 하천 (국외: 일본, 중국)
생활 하천의 중 · 상층
먹이 수서곤충

7cm   6~7월   회유없음

몸은 옆으로 매우 납작하고 등지느러미와 뒷지느러미는 길다. 아가미에 청록색 반점이 있다. 유속이 거의 없는 곳에 산다. 번식기에 수컷은 입에서 낸 점액질로 만든 기포로 수면에 알집을 만들고 암컷의 배를 휘감아 뒤집어 산란하게 한 뒤 암컷은 쫓아내고 알을 지킨다. 수면 위에서 공기를 마셔 이중 호흡을 한다.

버들붕어 수컷 싸움 수컷끼리는 종종 세력권 다툼으로 심하게 싸우며 한쪽은 치명적인 부상을 입기도 한다.

버들붕어 암컷 공기를 마시기 위해 수면으로 부상하는 암컷. 아가미 위에 있는 상새기관에서 산소를 흡수한 후 폐공기는 내보낸다. 폐공기가 배출되는 모습(화살표).

08

하천과 바다를
오가는 물고기

하천과 바다를 잇는 하구의 환경

서식지와 산란지가 다른 여러 종의 어류가 산란을 위해 바다에서 하천으로, 하천에서 바다
로 이동한다. 바다에서 살다 산란하러 하천으로 오르는 종은 소하형, 반대의 경우를 강하형
어류라 한다(왼쪽 사진은 동해안 유입 하천의 하구).

동해 연안과 연안으로 유입되는 하천에 분포한다. 낙동강에도 출현했던 기록이 있다.

칠성장어 칠성장어과

Arctic lamprey

멸종 II

제주도

분포 동해 연안 및 유입 하천 (국외: 일본, 중국, 러시아, 북미)
생활 하천의 저층
먹이 진흙이나 모래 속의 유기물, 물고기 체액

몸은 가늘고 길다. 입은 동그랗고 빨판을 겸한다. 몸의 양옆에 7쌍의 아가미구멍이 있다. 하천에서 유생으로 3~4년을 살며 변태한 뒤 바다로 가서 2~3년을 더 산다. 담수에서는 유기물을 먹고 바다에서는 빨판으로 물고기 몸에 붙어 체액을 흡입한다. 번식기가 되면 하천으로 올라와 산란한다.

40~50cm

5~7월

소하회유

칠성장어 성어로 변태한 뒤 바다로 나가 살다가 산란하러 하천으로 올라온다.

칠성장어의 입 빨판(원)으로 된 입은 하천에서 물살에 몸을 고정하는 일에 쓰이며, 바다에서는 다른 물고기의 몸에 달라붙는데 쓰인다.

345

동해 북부로 유입되는 하천을 제외한 전국의 하천에 분포한다.

뱀장어 뱀장어과

Eel, Japanese eel

몸은 가늘고 길며 원통형이다. 담수역이나 기수역에서 5~
10년을 살다가 번식기가 되면 약 3,000km 거리의 북태평양
서부 심해로 이동해 산란한다. 새끼(유생)는 어미가 출발했
던 쪽으로 흐르는 해류를 타고 오다가 대륙붕 근처에서 실
뱀장어로 변태한 뒤 한반도의 각 하천으로 소상한다.

분포 동해 북부로 흐르는 하천을 제외
한 전국의 하천 (국외: 일본, 중국, 대만)
생활 하천의 저층
먹이 수서곤충, 새우류, 물고기

60~100cm   4~7월(심해)   강하회유

뱀장어 담수역이나 기수역에서 5~10년 동안 살다가 북태평양 서부의 심해로 헤엄쳐 가 산란하고 죽는다.

담수에 도착한 실뱀장어 새끼는 댓잎 모양의 유생(렙토세팔루스, Leptocephalus)으로 해류를 따라 동아시아를 향해 오다가 대륙붕 근처에서 실뱀장어로 변태하여 담수역에 도달한다.

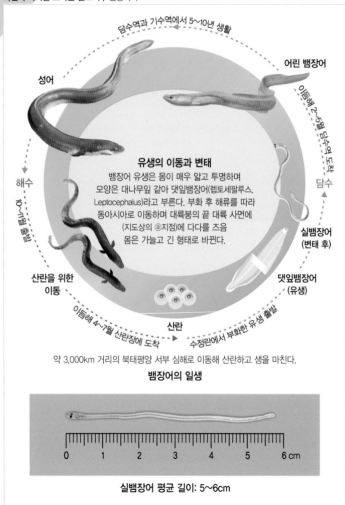

담수역과 기수역에서 5~10년 생활

어린 뱀장어

이듬해 2~5월 담수역 도착

담수

실뱀장어
(변태 후)

유생의 이동과 변태
뱀장어 유생은 몸이 매우 얇고 투명하며
모양은 대나무잎 같아 댓잎뱀장어(렙토세팔루스,
Leptocephalus)라고 부른다. 부화 후 해류를 따라
동아시아로 이동하며 대륙붕의 끝 대륙 사면에
(지도상의 ⓐ지점)에 다다를 즈음
몸은 가늘고 긴 형태로 바뀐다.

성어

해수

10~16일 경 부화

산란을 위한
이동

이듬해 4~7월 산란장에 도착

산란

수정란에서 부화한 유생 출발

댓잎뱀장어
(유생)

약 3,000km 거리의 북태평양 서부 심해로 이동해 산란하고 생을 마친다.

뱀장어의 일생

실뱀장어 평균 길이: 5~6cm

348

뱀장어 유생과 실뱀장어 이동 경로 (⟶)

제주도의 천지연에 분포한다.

무태장어 뱀장어과

Marbled eel

천연

분포 제주도 천지연 일대 (국외: 일본, 중국, 대만, 인도네시아, 필리핀 등)
생활 하천의 저층
먹이 물고기, 갑각류, 양서류

몸은 길고 원통형이며 뒷부분은 옆으로 납작하다. 뱀장어처럼 담수에서 살다가 번식기에 태평양의 산란장으로 이동해 알을 낳는다. 열대성 어류로 새끼들은 황해 난류와 쿠로시오 난류 사이의 제주도 천지연 폭포 아래(서홍천 하류)로 소상한다. 남해로 흐르는 여러 하천에 분포했다는 기록이 있다.

100~200cm   4~7월(심해)   강하회유

무태장어 우리나라에는 제주도 서귀포시를 흐르는 서홍천 하류에 위치한 천지연 폭포 아래에서부터 하구의 임해 지점 사이에 산다.

무태장어 날카로운 이빨과 강한 턱을 지니고 있으며 빠른 속도로 먹잇감을 사냥한다.

무태장어 서식지 제주도 서귀포시 서홍천에 위치한 천지연 폭포.

동해와 남해 연안과 유입 하천에 분포한다.

황어 잉어과 | 황어아과

Big-scaled redfin, Sea rundace

산란기

분포 동해 및 남해 연안과 유입 하천 (국외: 일본, 러시아 동·북부)
생활 하천의 중층
먹이 수서곤충, 물고기, 부착 조류 등

25~40cm   3~5월   소하회유

몸은 길고 옆으로 납작하다. 입수염은 없고 비늘은 작다. 연안에서 살다가 번식기에 하천의 상류로 올라온다. 이때 몸 색깔은 암수 모두 검은색이 되며 측면에 주황색 띠가 나타난다. 자갈 바닥에 집단으로 산란하며 부화한 새끼는 두 달쯤 하천에 머물다 바다로 간다. 일부는 하천 하구에 남는다.

수중보를 오르는 황어 번식기에 성숙한 개체들은 산란하러 일제히 하천의 상류로 올라간다.

황어의 알 황색의 황어 알이 바닥에 가득하다.

급류에 산란하는 황어 산란이 급한 개체들(왼쪽 무리)이 목적지에 도달하기 전에 급류에서
산란하고 있다.

동해로 유입되는 하천과 낙동강 하구로 소상한다.

연어 연어과

Chum salmon

분포 동해로 흐르는 하천과 낙동강 하구 (국외: 북태평양)
생활 하천의 중층
먹이 수서곤충(강), 작은 물고기 등 (바다)

몸은 길고 유선형이며 기름지느러미가 있다. 몸 색깔은 은백색이고 번식기에는 검붉어지며 얼룩덜룩한 무늬가 생긴다. 4년 정도 먼바다를 돌며 살다가 가을에 태어난 하천으로 돌아와 산란하고 일생을 마친다. 국가는 매년 가을 회귀하는 연어를 포획하여 채란 · 부화시킨 새끼를 봄에 방류해 바다로 보낸다.

 60~80cm 9~11월 소하회유

연어 수컷 다툼 태어난 하천으로 산란하러 돌아온 연어 수컷들은 암컷을 차지하기 위한 싸움에 돌입하고 암컷들은 알자리를 만든다.

회귀하는 연어 무리 캄차카 반도와 쿠릴 열도를 거쳐 동해로 진입한 연어들이 담수역인 강원도 양양의 남대천으로 회귀하고 있다.

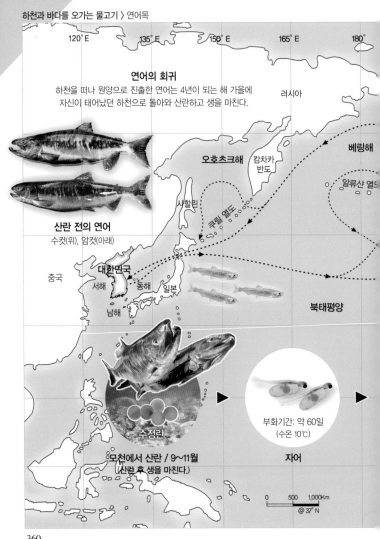

연어의 회귀

하천을 떠나 원양으로 진출한 연어는 4년이 되는 해 가을에
자신이 태어났던 하천으로 돌아와 산란하고 생을 마친다.

120° E   135° E   150° E   165° E   180°

러시아

오호츠크해   캄차카
반도   베링해

사할린   알류샨 열도

쿠릴 열도

산란 전의 연어
수컷(위), 암컷(아래)

대한민국

중국   서해   동해   일본

남해   북태평양

수정란

모천에서 산란 / 9~11월
(산란 후 생을 마친다.)

부화기간: 약 60일
(수온 10℃)

자어

0   500   1,000Km

@ 37° N

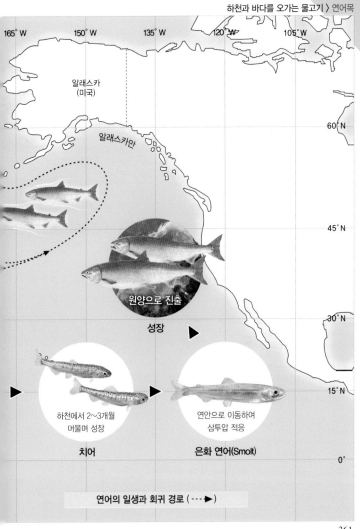

연어의 일생과 회귀 경로 (· · · ►)

전국의 연안과 연안으로 유입되는 하천에 분포한다.

빙어 바다빙어과

Pond smelt

분포 전국의 연안 및 유입 하천 (국외: 일본, 알래스카)
생활 하천의 중층
먹이 수서곤충, 새우류, 요각류

몸은 길고 옆으로 납작하다. 입은 크고 경사져 있다. 몸은 반투명하고 녹갈색을 띤다. 연안에서 무리 지어 살다가 번식기에 하천의 여울로 소상하여 알을 낳는다. 댐이나 저수지 등에 방류된 무리는 육봉화돼 일생을 담수에서 산다. 1년 만에 성숙하여 알을 낳고 죽는다.

15cm

2~3월   소하회유

빙어 포획된 빙어들.

빙어 낚시 얼어붙은 강에서 빙어 낚시를 하고 있는 사람들.

전국의 연안과 연안으로 유입되는 하천에 분포한다.

은어 바다빙어과

Sweetfish, Sweet smelt

분포 전국의 연안 및 유입 하천 (국외: 일본, 중국, 대만)
생활 하천의 중층
먹이 동물성 플랑크톤, 부착 조류

몸은 길고 옆으로 납작하다. 입은 크고 경사졌다. 윗입술 끝에 큰 돌기가 있다. 기름지느러미가 있다. 가을에 하천 하류에서 부화한 새끼는 연안에서 월동한 뒤 봄에 하천 상류로 올라가 살다가 여름에 중류로, 번식기인 가을에는 하류로 내려와 산란하고 죽는다. 산란 전 수컷은 세력권을 형성한다.

20~30cm   9~10월   양측회유

은어의 소상 봄에 상류로 가는 어린 은어(아래)와 산란지로 향하는 황어 무리.

중류의 은어 무리 번식기가 다가오면 은어는 하류로 강하해 산란을 대비한다.

은어
바다와 하천을 오가는 한 해 살이 양측회유형 어류로 산란 후 대부분 죽지만 늦게 소상하거나 산란 활동에 참여하지 않은 경우 한 해를 더 살기도 한다.

번식기의 은어
수컷(위), 암컷(아래)

소상 시기의 어린 은어
5~6cm

강하　**상류**
　　　초여름

6~7월

담수의 은어
담수에 오른 어린 은어는 돌 표면의 이끼를 먹고 성장하며 하류로 조금씩 이동한다.

중류
여름

8월

중류로 강하한 은어
8월 중순의 암컷

은어의 일생과 회유 경로 (▶ ▶ ▶)

산란
가을에 하류로
이동하여 산란하고
생을 마친다.

소상 **하류
봄**

4~5월

월동을 마친
어린 은어는 봄에 일제히
하천을 오른다.

**바다
겨울**

부화한 은어 치어
산란 약 2주 후 수정란에서
부화한 새끼는 연안으로 이동해
월동하며 동물성 플랑크톤을 먹고 자란다.

산란 **하류
가을**

9~10월

367

서해 남부와 남해, 동해 연안과 연안으로 유입되는 하천에 분포한다.

큰가시고기 큰가시고기과

Three spine stickleback

몸은 옆으로 납작하다. 등에 긴 가시 2개와 짧은 가시 1개가 있다. 몸 색깔은 연한 갈색이다. 연안에 살다가 번식기에 무리 지어 하천 하류로 올라오며 수컷이 바닥에 식물 조각 등으로 둥지를 지어 암컷을 산란하게 하고 방정한다. 이때 수컷의 등은 파랗게, 배는 빨갛게 되며 수정란과 새끼를 지키다 죽는다.

분포 서해 남부, 남해, 동해 연안 및 유입 하천 (국외: 일본, 러시아, 북미, 유럽)
생활 하천의 중층
먹이 동물성 플랑크톤, 수서곤충, 물고기 알 등

13cm   3~5월   소하회유

큰가시고기 암컷 포란 중인 큰가시고기 암컷.

포획된 큰가시고기 어류 생태 조사 중 포획된 큰가시고기.

서해와 남해 연안 및 기수역, 유입 하천의 하구에 분포한다.

꺽정이 둑중개과

Roughskin sculpin

분포 서해와 남해 연안 및 기수역, 유입 하천의 하구 (국외: 일본, 중국)
생활 하천의 저층
먹이 물고기, 갑각류

몸은 유선형이며 뒷부분은 가늘다. 몸 색깔은 갈색이고 넓은 검은색 반점이 3~4개 있다. 모래와 자갈이 깔린 하천 중·하류에 산다. 번식기에 연안이나 강 하구로 내려가 산란하며 수컷이 알을 보호한다. 번식기가 끝나면 어미는 죽는다. 부화한 새끼는 연안과 하구 근처에서 살다 중류로 소상한다.

 17cm 2~4월 강하회유

꺽정이 가슴지느러미는 크고 기조는 단단하다.

꺽정이 번식기에 아가미 안쪽은 주황색을 띤다.

황복 유어. 서해 연안과 유입 하천의 하구에 분포한다.

황복 황복과

River puffer

분포 서해 연안과 유입 하천의 하구
(국외: 중국)
생활 하천의 중·하층
먹이 물고기, 갑각류

몸은 원통형이며 앞부분은 통통하고 뒷부분은 가늘다. 턱에
는 납작한 이빨이 있다. 등지느러미와 뒷지느러미는 몸의 뒷
부분에 있다. 몸 색깔은 황색이고 등 쪽은 진한 갈색이다. 연
안에 살며 번식기에 바닷물이 닿지 않는 하천의 자갈이 깔린
여울로 올라가 산란한다. 부화한 새끼는 연안으로 내려간다.

 45cm   4~5월   소하회유

황복 산란지 경기도 파주시 적성면 임진강.

한국 담수어 목록 (21목 39과 234종)

고유 한반도 고유종　멸종 I 멸종위기야생생물 I 급
멸종 II 멸종위기야생생물 II 급　천연 천연기념물　외래 외래종

1. 복수의 학명이 사용되는 일부 어종은 환경부 국립생물자원관
   '한반도의 생물다양성' 웹사이트에 수록된 학명을 적용하였다.

2. 잉어과 황어아과 분류군 중 버들치속의 버들개, 버들피리의 학명은
   연구자 제시 학명을 반영하였다.

3. 1, 2의 어종에 대한 이명은 파란색 글씨로 표기하였다.

칠성장어목 Petromyzontiformes

칠성장어과 Petromyzontidae

1. **칠성장어** 멸종 II

   Lethenteron japonicus (Martens, 1868)

2. **칠성말배꼽** 고유

   Lethenteron morii (Berg, 1931)

3. **다묵장어** 멸종 II

   Lethenteron reissneri (Dybowski, 1869)

철갑상어목 Acipenseriformes

철갑상어과 Acipenseridae

4. **철갑상어**

   Acipenser sinensis Gray, 1835

5. **칼상어**

   Acipenser dabryanus Duméril, 1869

6. 용상어

    Acipenser medirostris Ayres, 1854

뱀장어목 Anguilliformes

뱀장어과 Anguillidae

7. 뱀장어

    Anguilla japonica Temminck et Schlegel, 1846

8. 무태장어

    Anguilla marmorata Quoy et Gaimard, 1824

청어목 Clupeiformes

멸치과 Engraulidae

9. 웅어

    Coilia nasus Temminck et Schlegel, 1846

10. 싱어

    Coilia mystus (Linnaeus, 1758)

청어과 Clupeidae

11. 밴댕이

    Sardinella zunasi (Bleeker, 1854)

12. 전어

    Konosirus punctatus (Temminck et Schlegel, 1846)

잉어목 Cypriniformes

잉어과 Cyprinidae

잉어아과 Cyprininae

13. 잉어/이스라엘잉어 외래

Cyprinus carpio Linnaeus, 1758

14. 붕어

Carassius auratus (Linnaeus, 1758)

15. 떡붕어 외래

Carassius cuvieri Temminck et Schlegel, 1846

황어아과 Leuciscinae

16. 야레

Leuciscus waleckii (Dybowski, 1869)

17. 황어

Tribolodon hakonensis (Günther, 1877)

18. 대황어

Tribolodon brandtii (Dybowski, 1872)

19. 연준모치 멸종II

Phoxinus phoxinus (Linnaeus, 1758)

20. 버들치

Rhynchocypris oxycephalus (Sauvage et Dabry de Thiersant, 1874)

21. 버들개 고유

Rhynchocypris oxyrhynchus (Mori, 1930)

Rhynchocypris steindachneri (Sauvage, 1883) (환경부 적용 학명. 이 경우 고유종 제외)

22. 버들피리
Rhynchocypris lagowskii (Dybowski, 1869) (환경부 미기재 종)

23. 동버들개
Rhynchocypris percnurus (Pallas, 1814)

24. 금강모치 고유
Rhynchocypris kumgangensis (Kim, 1980)
Phoxinus kumgangensis Kim, 1980

25. 버들가지 고유 멸종II
Rhynchocypris semotilus (Jordan et Starks, 1905)

납자루아과 Acheilognathinae

26. 흰줄납줄개
Rhodeus ocellatus (Kner, 1866)

27. 한강납줄개 고유 멸종II
Rhodeus pseudosericeus Arai, Jeon et Ueda, 2001

28. 납줄개
Rhodeus sericeus (Pallas, 1776)

29. 각시붕어 고유
Rhodeus uyekii (Mori, 1935)

30. 떡납줄갱이
Rhodeus notatus Nichols, 1929

31. 서호납줄갱이 고유
Rhodeus hondae (Jordan et Metz, 1913)

32. 납자루
Acheilognathus lanceolata intermedia (Temminck and Schlegel, 1846)

Acheilognathus lanceolatus (Temminck et Schlegel, 1846)

Tanakia lanceolata (Temminck et Schlegel, 1846)

33. 묵납자루 고유 멸종II

Acheilognathus signifer Berg, 1907

Tanakia signifer (Berg, 1907)

34. 칼납자루 고유

Acheilognathus koreensis Kim et Kim, 1990

Tanakia koreensis (Kim et Kim, 1990)

35. 임실납자루 고유 멸종I

Acheilognathus somjinensis Kim et Kim, 1991

Tanakia somjinensis (Kim et Kim, 1991)

36. 낙동납자루 고유

Tanakia latimarginata Kim, Jeon, et Suk, 2014

37. 줄납자루 고유

Acheilognathus yamatsutae Mori, 1928

38. 큰줄납자루 고유 멸종II

Acheilognathus majusculus Kim et Yang, 1998

39. 납지리

Acheilognathus rhombeus (Temminck et Schlegel, 1846)

40. 큰납지리

Acheilognathus macropterus (Bleeker, 1871)

41. 가시납지리 고유

Acanthorhodeus chankaensis (Dybowski, 1872)

Acheilognathus chankaensis (Dybowski, 1872)

Acheilognathus gracilis Regan, 1890

모래무지아과 Gobioninae

42. 참붕어
Pseudorasbora parva (Temminck et Schlegel, 1846)

43. 돌고기
Pungtungia herzi Herzenstein, 1892

44. 감돌고기 [고유] [멸종I]
Pseudopungtungia nigra Mori, 1935

45. 가는돌고기 [고유] [멸종II]
Pseudopungtungia tenuicorpa Jeon et Choi, 1980

46. 쉬리 [고유]
Coreoleuciscus splendidus Mori, 1935
Coreoleuciscus splendidus splendidus Mori, 1935

47. 참쉬리 [고유]
Coreoleuciscus aeruginos Song et Bang, 2015
Coreoleuciscus splendidus aeruginos Song et Bang, 2015

48. 새미
Ladislavia taczanowskii Dybowski, 1869

49. 참중고기 [고유]
Sarcocheilichthys variegatus wakiyae Mori, 1927

50. 중고기 [고유]
Sarcocheilichthys nigripinnis morii Jordan et Hubbs, 1925

51. 북방중고기
Sarcocheilichthys nigripinnis czerskii (Berg, 1914)

52. 줄몰개
Gnathopogon strigatus (Regan, 1908)

53. **긴몰개** 고유
   Squalidus gracilis majimae (Jordan et Hubbs, 1925)

54. **몰개** 고유
   Squalidus japonicus coreanus (Berg, 1906)

55. **참몰개** 고유
   Squalidus chankaensis tsuchigae (Jordan et Hubbs, 1925)

56. **점몰개** 고유
   Squalidus multimaculatus Hosoya et Jeon, 1984

57. **모샘치**
   Gobio cynocephalus Dybowski, 1869

58. **케톱치**
   Coreius heterodon (Bleeker, 1864)

59. **누치**
   Hemibarbus labeo (Pallas, 1776)

60. **참마자**
   Hemibarbus longirostris (Regan, 1908)

61. **알락누치**
   Hemibarbus maculatus Bleeker, 1871

62. **어름치** 고유 천연
   Hemibarbus mylodon (Berg, 1907)

63. **모래무지**
   Pseudogobio esocinus (Temminck et Schlegel, 1846)

64. **버들매치**
   Abbottina rivularis (Basilewsky, 1855)

65. **왜매치** 고유

   Abbottina springeri Banarescu et Nalbant, 1973

66. **꾸구리** 고유 멸종II

   Gobiobotia macrocephala Mori, 1935

67. **돌상어** 고유 멸종II

   Gobiobotia brevibarba Mori, 1935

68. **흰수마자** 고유 멸종I

   Gobiobotia nakdongensis Mori, 1935

69. **압록자그사니** 고유

   Mesogobio lachneri Banarescu et Nalbant, 1973

70. **두만강자그사니** 고유

   Mesogobio tumensis Chang, 1980

71. **모래주사** 고유 멸종I

   Microphysogobio koreensis Mori, 1935

72. **돌마자** 고유

   Microphysogobio yaluensis (Mori, 1928)

73. **여울마자** 고유 멸종I

   Microphysogobio rapidus Chae et Yang, 1999

74. **됭경모치** 고유

   Microphysogobio jeoni Kim et Yang, 1999

75. **배가사리** 고유

   Microphysogobio longidorsalis Mori, 1935

76. **두우쟁이**

   Saurogobio dabryi Bleeker, 1871

끄리아과 Opsariichthynae

77. 왜몰개

Aphyocypris chinensis Günther, 1868

78. 갈겨니

Zacco temminckii (Temminck et Schlegel, 1846)

79. 참갈겨니 고유

Zacco koreanus Kim, Oh et Hosoya, 2005

80. 피라미

Zacco platypus (Temminck et Schlegel, 1846)

81. 끄리

Opsariichthys uncirostris amurensis Berg, 1932

강준치아과 Cultrinae

82. 강준치

Erythroculter erythropterus (Basilewsky, 1855)

83. 백조어 멸종II

Culter brevicauda Günther, 1868

84. 치리 고유

Hemiculter eigenmanni (Jordan and Metz, 1913)

Hemiculter leucisculus (Basilewsky, 1855)

85. 살치

Hemiculter leucisculus (Basilewsky, 1855)

Hemiculter Bleekeri Warpachowski, 1887

눈불개아과 Squaliobarbinae

86. 눈불개
Squaliobarbus curriculus (Richardson, 1846)

87. 초어 외래
Ctenopharyngodon idellus (Valenciennes, 1844)

대두어아과 Xenocyprinae

88. 백연(련)어 외래
Hypophthalmichthys molitrix (Valenciennes, 1844)

89. 대두어 외래
Hypophthalmichthys nobilis (Richardson, 1845)

미꾸리과 Cobitidae

90. 미꾸리
Misgurnus anguillicaudatus (Cantor, 1842)

91. 미꾸라지
Misgurnus mizolepis Günther, 1888

92. 부포미꾸라지 고유
Misgurnus buphoensis kim et Park, 1995

93. 새코미꾸리 고유
Koreocobitis rotundicaudata (Wakiya et Mori, 1929)

94. 얼룩새코미꾸리 고유 멸종I
Koreocobitis naktongensis Kim, Park et Nalbant, 2000

95. 참종개 고유
Iksookimia koreensis (Kim, 1975)

96. 부안종개 고유 멸종II

Iksookimia pumila (Kim et Lee, 1987)

97. 왕종개 고유

Iksookimia longicorpa (Kim, Choi et Nalbant, 1976)

98. 남방종개 고유

Iksookimia hugowolfeldi Nalbant, 1993

99. 북방종개 고유

Iksookimia pacifica Kim, Park et Nalbant, 1999

100. 동방종개 고유

Iksookimia yongdokensis Kim et Park, 1997

101. 기름종개 고유

Cobitis hankugensis Kim, Park, Son et Nalbant, 2003

102. 미호종개 고유 멸종I 천연

Cobitis choii Kim et Son, 1984

103. 점줄종개 고유

Cobitis nalbanti Vasil'eva et Kim, 2016

104. 줄종개 고유

Cobitis tetralineata Kim, Park et Nalbant, 1999

105. 수수미꾸리 고유

Kichulchoia multifasciata (Wakiya et Mori, 1929)

106. 좀수수치 고유 멸종I

Kichulchoia brevifasciata (Kim et Lee, 1995)

종개과 Nemacheilidae

107. 종개
Orthrias toni (Dybowski, 1869)

108. 대륙종개
Orthrias nudus (Bleeker, 1864)

109. 쌀미꾸리
Lefua costata (Kessler, 1876)

메기목 Siluriformes

메기과 Siluridae

110. 메기
Silurus asotus Linnaeus, 1758

111. 미유기 [고유]
Silurus microdorsalis (Mori, 1936)

동자개과 Bagridae

112. 동자개
Pseudobagrus fulvidraco (Richardson, 1846)

113. 눈동자개 [고유]
Pseudobagrus koreanus (Uchida, 1990)

114. 꼬치동자개 [고유] [멸종I] [천연]
Pseudobagrus brevicorpus (Mori, 1936)

115. 대농갱이
Leiocassis ussuriensis (Dybowski, 1872)

116. 밀자개

Leiocassis nitidus (Sauvage et Dabry de Thiersant, 1874)

117. 종어

Leiocassis longirostris Günther, 1864

퉁가리과 Amblycipitidae

118. 퉁가리 고유

Liobagrus andersoni Regan, 1908

119. 퉁사리 고유 멸종I

Liobagrus obesus Son, Kim et Choo, 1987

120. 자가사리 고유

Liobagrus mediadiposalis Mori, 1936

121. 섬진자가사리 고유

Liobagrus somjinensis Kim et Park, 2010

122. 동방자가사리 고유

Liobagrus hyeongsanensis Kim, Kim et Park, 2015

챤넬동자개과 Lctaruridae

123. 챤넬동자개 외래

Ictalurus punctatus (Rafinesque, 1818)

연어목 Salmoniformes

연어과 Salmonidae

124. 우레기

Coregonus ussuriensis Berg, 1906

125. 사루기 고유

　　Thymallus articus jaluensis Mori, 1928

126. 열목어 멸종 II 천연 서식지

　　Brachymystax lenok tsinlingensis Li, 1966

127. 연어

　　Oncorhynchus keta (Walbaum, 1792)

128. 곱사연어

　　Oncorhynchus gorbuscha (Walbaum, 1792)

129. 산천어(송어)

　　Oncorhynchus masou masou (Brevoort, 1856)

130. 은연어 외래

　　Onchorhynchus kisutch (Walbaum, 1792)

131. 무지개송어 외래

　　Onchorhynchus mykiss (Walbaum, 1792)

132. 자치 고유

　　Hucho ishikawaae Mori, 1928

133. 홍송어

　　Salvelinus leucomaenis leucomaenis (Pallas, 1814)

134. 곤들매기

　　Salvelinus malmus (Walbaum, 1792)

바다빙어목 Osmeriformes

바다빙어과 Osmeridae

135. 빙어

　　Hypomesus nipponensis McAllister, 1963

136. 은어

Plecoglossus altivelis (Temminck et Schlegel, 1846)

뱅어과 Salangidae

137. 국수뱅어

Salanx ariakensis Kishinouye, 1902

138. 벚꽃뱅어

Hemisalanx prognathus Regan, 1908

139. 도화뱅어

Neosalanx andersoni (Rendahl, 1923)

140. 젓뱅어 고유

Neosalanx jordani Wakiya et Takahashi, 1937

141. 실뱅어

Neosalanx hubbsi Wakiya et Takahashi, 1937

142. 붕퉁뱅어

Protosalanx chinensis (Basilewsky, 1855)

143. 뱅어

Salangichthys microdon (Bleeker, 1860)

대구목 Gardiformes

대구과 Gadidae

144. 모오캐

Lota lota (Linnaeus, 1758)

망둑어목 Gobiiformes

동사리과 Odontobutidae

145. 동사리 고유

Odontobutis platycephala Iwata et Jeon, 1985

146. 얼룩동사리 고유

Odontobutis interrupta Iwata et Jeon, 1985

147. 남방동사리 멸종I

Odontobutis obscura (Temminck et Schlegel, 1845)

148. 껄동사리

Odontobutis yaluensis (Wu, Wu et Xie, 1993)

149. 발기

Perccottus glenii Dybowski, 1877

150. 좀구굴치

Micropercops swinhonis (Günther, 1873)

구굴무치과 Eleotridae

151. 구굴무치

Eleotris oxycephala Temminck et Schlegel, 1845

152. 검은구굴무치

Eleotris acanthopoma Bleeker, 1853

망둑어과 Gobiidae

153. 날망둑

Gymnogobius breunigii (Steindachner, 1879)

154. 동해날망둑
Gymnogobius taranetzi (Pinchuk, 1978)

155. 꾹저구
Gymnogobius urotaenia (Hilgendorf, 1879)

156. 검정꾹저구
Gymnogobius petschiliensis (Rendahl, 1924)

157. 무늬꾹저구
Gymnogobius opperiens Stevenson, 2002

158. 왜꾹저구
Gymnogobius macrognathos (Bleeker, 1860)

159. 문절망둑
Acanthogobius flavimanus (Temminck et Schlegel, 1845)

160. 왜풀망둑
Acanthogobius elongata (Fang, 1985)

161. 흰발망둑
Acanthogobius lactipes (Hilgendorf, 1879)

162. 비늘흰발망둑
Acanthogobius luridus NI et WU, 1985

163. 풀망둑
Synechogobius hasta (Temminck et Schlegel, 1845)

164. 열동갈문절
Sicyopterus japonicus (Tanaka, 1909)

165. 애기망둑
Pseudogobius masago (Tomiyama, 1936)

166. 무늬망둑
    Bathygobius fuscus (Rüppel, 1830)

167. 갈문망둑
    Rhinogobius giurinus (Rutter, 1897)

168. 밀어
    Rhinogobius brunneus (Temminck et Schlegel, 1845)

169. 줄밀어
    Rhinogobius nagoyae Jordan et Seale, 1906

170. 점밀어
    Rhinogobius mizunoi Suzuki, Shibukawa et Aizawa, 2017

171. 민물두줄망둑
    Tridentiger bifasciatus Steindachner, 1881

172. 황줄망둑
    Tridentiger nudicervicus Tomiyama, 1934

173. 검정망둑
    Tridentiger obscurus (Temminck et Schlegel, 1845)

174. 민물검정망둑
    Tridentiger brevispinis Katsuyama, Arai et Nakamura, 1972

175. 줄망둑
    Acentrogobius pflaumii (Bleeker, 1853)

176. 점줄망둑 고유
    Acentrogobius pellidebilis Lee et Kim, 1992

177. 날개망둑
    Favonigobius gymnauchen (Bleeker, 1860)

178. 모치망둑

   Mugilogobius abei (Jordan et Snyder, 1901)

179. 제주모치망둑

   Mugilogobius fontinalis (Jordan et Seale, 1906)

180. 꼬마청황

   Parioglossus dotui Tomiyama, 1958

181. 짱뚱어

   Boleophthalmus pectinirostris (Linnaeus, 1758)

182. 남방짱뚱어

   Scartelaos gigas Chu et Wu, 1963

183. 말뚝망둥어

   Periophthalmus modestus Cantor, 1842

184. 큰볏말뚝망둥어 고유

   Periophthalmus magnuspinnatus Lee, Choi et Ryu, 1995

185. 미끈망둑

   Luciogobius guttatus Gill, 1859

186. 왜미끈망둑

   Luciogobius saikaiensis Dotsu, 1957

187. 주홍미끈망둑

   Luciogobius pallidus Regan, 1940

188. 꼬마망둑

   Luciogobius koma (Synder, 1909)

189. 사백어

   Leucopsarion petersi Hilgendorf, 1880

190. 빨갱이
Ctenotrypauchen microcephalus (Bleeker, 1860)

191. 개소겡
Odontamblyopus lacepedii (Temminck et Schlegel, 1845)
Taenioides rubicundus (Hamilton, 1822)

숭어목 Mugiliformes
숭어과 Mugilidae

192. 숭어
Mugil cephalus Linnaeus, 1758

193. 등줄숭어
Chelon affinis (Günther, 1861)

194. 가숭어
Chelon haematocheilus (Temminck et Schlegel, 1845)

키크리목 Cichliformes
키크리과 Cichlidae

195. 나일틸라피아(역돔) 외래
Oreochromis niloticus (Linnaeus, 1758)

동갈치목 Beloniformes
송사리과 Adrianichthyoidae

196. 송사리
Oryzias latipes (Temminck et Schlegel, 1846)

197. 대륙송사리
Oryzias sinensis Chen, Uwa et Chu, 1989

학공치과 Hemiramphidae

198. 학공치
Hyporhamphus sajori (Temminck et Schlegel, 1846)

199. 줄공치
Hyporhamphus intermedius (Cantor, 1842)

드렁허리목 Synbranchiformes

드렁허리과 Synbranchidae

200. 드렁허리
Monopterus albus (Zuiew, 1793)

버들붕어목 Anabantiformes

버들붕어과 Belontiidae

201. 버들붕어
Macropodus ocellatus Cantor, 1842

가물치과 Channidae

202. 가물치
Channa argus (Cantor, 1842)

가자미목 Pleuronectiformes

가자미과 Pleuronectidae

203. 돌가자미
Kareius bicoloratus (Basilewsky, 1855)

204. 강도다리
Platichthys stellatus (Pallas, 1787)

205. 도다리
Pleuronichthys cornutus (Temminck et Schlegel, 1846)

참서대과 Cynoglossidae

206. 박대
Cynoglossus semilaevis Günther, 1873

실고기목 Syngnathifomers

실고기과 Syngnathidae

207. 실고기
Syngnathus schlegeli Kaup, 1856

돛양태목 Callionymifomers

돛양태과 Callionymidae

208. 강주걱양태
Repomucenus olidus (Günther, 1873)

농어목 Perciformes

농어과 Moronidae

209. 농어
Lateolabrax japonicus (Cuvier, 1828)

210. 점농어
Lateolabrax maculatus (McClelland, 1839)

쏘가리과 Sinipercidae

211. 쏘가리 천연(황쏘가리)
Siniperca scherzeri Steindachner, 1892

212. 꺽지 고유
Coreoperca herzi Herzenstein, 1896

213. 꺽저기 멸종II
Coreoperca kawamebari (Temminck et Schlegel, 1843)

검정우럭과 Centrachidae

214. 블루길 외래
Lepomis macrochirus Rafinesque, 1819

215. 배스 외래
Micropterus salmoides (Lacepède, 1802)

주둥치과 Leiognathidae

216. 주둥치
Leiognathus nuchalis (Temminck et Schlegel, 1845)

쏨뱅이목 Scorpaeniformes

양볼락과 Scorpaenidae

217. 조피볼락

Sebastes schlegeli Hilgendorf, 1880

양태과 Platycephalidae

218. 양태

Platycephalus indicus (Linnaeus, 1758)

큰가시고기과 Gasterosteidae

219. 큰가시고기

Gasterosteus aculeatus Linnaeus, 1758

Gasterosteus nipponicus Higuchi, Sakai & Goto, 2014

220. 가시고기 멸종II

Pungitius sinensis (Guichenot, 1869)

221. 두만가시고기

Pungitius tymensis (Nikolsky, 1889)

222. 청가시고기

Pungitius pungitius (Linnaeus, 1758)

223. 잔가시고기

Pungitius kaibarae (Tanaka, 1915)

둑중개과 Cottidae

224. 둑중개 고유

Cottus koreanus Fujii, Yabe et Choi, 2005

225. 한둑중개 멸종II

Cottus hangiongensis Mori, 1930

226. 참둑중개

Cottus czerskii Berg, 1913

227. 꺽정이

Trachidermus fasciatus Heckel, 1837

228. 개구리꺽정이

Myxocephalus stelleri Tilesius, 1811

복어목 Tetraodontiformes

참복과 Tetraodontidae

229. 까치복

Takifugu xanthopterus (Temminck et Schlegel, 1850)

230. 매리복

Takifugu vermicularis (Temminck et Schlegel, 1850)

231. 복섬

Takifugu niphobles (Jordan et Snyder, 1901)

232. 흰점복

Takifugu poecilonotus (Temminck et Schlegel, 1850)

233. 황복

Takifugu obscurus (Abe, 1949)

234. 자주복

Takifugu rubripes (Temminck et Schlegel, 1850)

황어

용어 해설

감베타 반문(Gambetta's Zone, Fourth Gambetta's Pigmentaly Zone)
미꾸리과 기름종개속 물고기의 몸에 나 있는 4줄의 무늬를 말하며 이를 비교하여 기름종개속 물고기를 구분하기도 한다. 이탈리아의 어류학자 감베타가 고안하였으며 감베타 존이라 부른다.

계류(溪流)
산골짜기의 빠른 속도로 흐르는 물.

고유종(固有種, endemic species)
특정 지역에만 한정되어 분포하는 생물 종.

골질반(骨質盤, lamina circularis)
동물의 골계에 있는 뼈 성질로 구성된 둥그스름한 모양의 구조물. 미꾸리과 물고기의 수컷 가슴지느러미 제2연조의 기부에 생기며 원형, 타원형, 사각형, 막대형 등으로 구분된다. 이 때문에 수컷 가슴지느러미는 길고 뾰족한 특징을 나타낸다. 산란기에 길어진 가슴지느러미로 암컷의 복부를 조여 알을 낳게 한다.

굳비늘(硬鱗, ganoid scale)
단단하고 광택이 있는 물고기 비늘. 고생대의 원시 물고기(판피류)들에 있었으나 지금은 몇 종류에만 남아 있다.

극조(棘條, spinous ray)
지느러미 막을 지지하는 기조의 일종으로 가시처럼 끝이 뾰족하고 단단하며 마디가 없다.

기름지느러미(adipose fin)
등지느러미 뒤쪽 꼬리지느러미 가까이에 있으며 크기가 작고 지느러미살(기조)이 없는 지느러미. 바다빙어목이나 연어목의 물고기에 있다.

기부(基部)
기초가 되는 부분.

기수역(汽水域, estuary)
강물이 바다로 흘러 들어갈 때 민물과 바닷물이 혼합되는 곳. 하구역(河口域)
이라고도 한다. 육지로부터 유입되는 대량의 유기물이 가라앉아 다양한 생물
이 서식한다.

기조(鰭條, fin ray)
지느러미막을 지지하는 막대 모양의 골격 구조. 중간에 마디가 없는
가시 형태의 극조와 마디가 있는 연조를 통틀어 말한다.

ㄴ

난황(卵黃, yolk)
조류나 어류 같은 난생 동물의 알에 포함되어 있는 영양물질.

냉수성 어종(冷水性魚種, cold water fishes)
낮은 온도의 물에 적응하여 사는 물고기를 통틀어 이르는 말. 하천 상류의 열
목어, 산천어, 연준모치 등이 이에 해당하고 바닷물고기로는 연어, 청어, 대구
따위가 있다.

ㄷ

담수(淡水, freshwater)
약간의 염분이 섞여 있는 육지의 물을 통틀어 가리키지만 염분이 없는
순수한 물과는 다르다.

담수어(淡水魚, freshwater fish)
담수 즉, 민물에 사는 민물고기를 뜻하지만 민물과 바닷물이 합쳐지는 기수역
에 살거나, 민물과 바닷물을 왕래하거나, 바닷물에 살지만 잠시 민물이나 기수
역에 나타나는 물고기를 모두 포함하여 부른다.

댐호
물길을 가로막아 축조된 댐으로 인해 조성된 인공 호수를 말한다.

돌기(突起, protuberance)
물체나 동·식물의 몸체에 뾰족하게 튀어나오거나 도드라진 부분.

동정(同定, identification)
생물체의 고유한 특징을 바탕으로 다른 것들과의 차이를 비교, 검토하여
이미 밝혀진 분류군 중에서 그 위치를 결정하는 일을 말한다.

ㄹ

렙토세팔루스(leptocephalus)
알에서 갓 깨어난 뱀장어의 어린 치어를 말한다. 댓잎 모양으로 생겨
'버들잎뱀장어' 또는 '댓잎뱀장어'라고도 한다.

ㅁ

미소서식지(微少棲息地, microhabitat)
생물이 살아가는 고유의 환경 조건을 갖춘 최소 규모의 장소.

ㅂ

방정(放精)
물속 동물의 수컷이 수정을 위해 정자를 물속에 방출하는 것.

백색증, 백화현상(알비노, Albino, Albinism)
색소를 관장하는 유전자의 돌연변이로 인해 신체의 색소가 결핍되어
일어나는 현상. 물고기에 드물지 않게 나타나며 대부분 유전된다.

ㅅ

산란관(産卵管, ovipositor)
물고기나 곤충의 암컷 배에 길게 나 있는, 알을 낳기 위한 기관이다. 산란 형태에
따라 그 모양이 다르다. 납자루아과와 중고기속 물고기의 암컷에 있다.

상새기관(上鰓器官, labyrinth organ)
물고기의 아가미 위쪽에 있는 보조 호흡 기관으로 주름이 많고 모세혈관이 발달한 공간이다. 미로처럼 생겨 미로 기관 혹은 라비린스 기관이라고도 부른다. 버들붕어와 가물치가 이 기관을 갖고 있다.

새엽(鰓葉, gill filament)
물고기의 아가미 안에 있는 빗살 모양의 호흡 기관. 주름이 많으며 모세혈관이 발달해 있다.

색소포(色素胞, chromatophore)
동물 체내에서 볼 수 있는 색소를 포함하는 세포 · 표피 세포에 혼재하여 색소를 함유하고 있는 세포로 신경이나 호르몬 작용에 세포가 반응하여 몸 색깔을 변화시키거나 세포 속에서 색소립이 집산하여 몸 색깔을 변화시킨다.

세력권(勢力圈, territory)
동물학상 개체나 집단이 일정 구역 안에 다른 개체가 침입하지 못하도록 경계하고 방어하는 구역. 번식이나 먹이 확보 등을 위해 형성한다.

스몰트(smolt)
연어과 물고기의 2년생.

ㅇ

아종(亞種, subspecies)
종의 고유한 특징을 가지고 있으나 형태적으로는 다른 생물 집단. 분류학적으로 독립된 종과 비교하여 차이가 크지 않고 변종으로 하기에는 다른 점이 많은 생물에 적용되는 하위분류 단위의 하나이다. 학명은 3명법으로 표기한다.

옆줄(측선(側線), lateral line)
물고기의 몸통 양옆에 나 있는 주요 감각 기관. 감각 세포가 연결되어 있어 유속과 수온, 수심, 진동, 압력 따위를 감지할 수 있다. 대개 아가미 뒤쪽에서 꼬리지느러미 기점까지 연결되어 있는데, 물고기에 따라 2줄 이상이거나 몸통의 중간에서 끝나거나 아예 없는 경우도 있다.

유생(幼生, larva)
변태하는 동물의 어린 것을 통틀어 말한다. 물고기의 경우 알에서 깨어나 성체가 되는 과정에 있는 것으로 성체와 모양과 습성이 달라 별도의 명칭으로 불려진다. 장어류가 유생기를 거쳐 성어로 변태한다.

육봉형(陸封型, land located form)
바다와 강(하천) 즉, 바닷물과 민물을 오가는 물고기가 민물에 적응하여 일생을 민물에서만 지내고 번식하는 형.

이식(移植, transplantation)
식물 또는 신체의 조직, 장기 등을 다른 장소나 타인에게 옮겨 자라게 하는 것을 말한다. 물고기를 원래 서식지로부터 분리하여 다른 곳으로 옮기는 행위에도 이 말을 쓴다.

ㅈ

자유 곡류(自由曲流, free meander)
평야 지대의 하천 중하류 구간에서 유로를 좌우로 자유롭게 연장하여 흐르는 하천.

제1등지느러미
어류의 등지느러미 중 앞쪽에 있는 등지느러미. 뒤에 있는 것은 제2등지느러미로 부른다.

조간대(潮間帶, littoral zone)
밀물 때는 바닷물 속에 잠기고 썰물 때는 육지가 되는 곳으로 다양한 생물이 서식한다. 우리나라 서해안의 조간대는 갯벌로 발달해 있다.

종(種, species)
생물 분류의 기본 단위. 형태와 생태, 유전적 특성을 지녀 다른 생물군과는 생식적(生殖的)으로 격리된 집단.

짝지느러미(paired fin)
가슴지느러미나 배지느러미 같이 양쪽 한 쌍으로 이루어진 지느러미를 말한다.

추성(追星, nuptial tubercles)
물고기의 번식기(산란기)에 나타나는 성징. 잉어과 물고기의 경우 대부분의 수
컷에서 머리, 지느러미, 몸 등의 피부 표피가 두꺼워지며 사마귀 모양으로 돌
출되어 나타난다.

치어(稚魚, young fish)
부화 후 후기 자어기 이후부터 성어와 체형이 같아지기 직전까지의 어린 물고
기를 말한다. 치어 이전의 단계로 부화 직후 난황이 흡수될 때까지 시기의 새
끼를 전기 자어(pre larva)로, 난황 흡수 직후부터 지느러미 기조 수가 성어와
같게 될 때까지 시기의 새끼를 후기 자어(post larva)로 부른다.

파마크(parr mark)
연어과의 어린 물고기가 담수에 머무는 동안 몸에 나타나는 타원형의 무늬.
송어의 육봉형인 산천어는 일생 동안 이 무늬를 지니고 있다.

학명(學名, scientific name)
생물학에서 쓰이는 세계 공통적인 명칭. 라틴어로 기록되며 이탤릭체를
사용한다. 속명은 1개의 단어로 종명은 2개 단어, 아종명은 3개 단어로 표기한다.

찾아보기

참고문헌 및 자료

국립수산과학원 중앙내수면연구소, 《물고기야 너의 길을 가렴!》, 2011.

김리태·길재균, 《조선동물지(어류편1)》, 과학기술출판사, 2006.

김리태·길재균, 《조선동물지(어류편2)》, 과학기술출판사, 2007.

김리태·길재균, 《조선동물지(어류편3)》, 과학기술출판사, 2008.

김익수·최윤·이충열·이용주·김병직·김지현, 《(원색) 한국어류대도감》, 교학사, 2005.

김익수·박종영, 《(원색도감) 한국의 민물고기》, 교학사, 2002.

김익수, 《춤추는 물고기》, 다른세상, 2000.

김익수, 《한국동식물도감》 제37권 동물편(담수어류), 교육부, 1997.

노세윤, 《물고기 쉽게 찾기(개정판)》, 진선출판사, 2019.

노세윤, 《손바닥 민물고기 도감》, 이비락, 2014.

이완옥·노세윤, 《(원색도감) 특징으로 보는 한반도 민물고기》, 지성사, 2007.

손영목·송호복, 《금강의 민물고기》, 지성사, 2006.

최기철·이원규, 《우리가 정말 알아야 할 우리 민물고기 백 가지》, 현암사, 1994.

최기철, 《민물고기를 찾아서》, 한길사, 1991.

中國科學院水生物研究所·上海自然博物館,
《中國淡水魚類原色图集》第一集, 上海科學技術出版社, 1982.

農牧渔业部水产局·中國科學院水生物研究所·上海自然博物館,
《中國淡水魚類原色图集》第二集, 上海科學技術出版社, 1988.

农业部水産司 · 中國科學院水生生物研究所,
《中国淡水鱼类原色图集》第三集, 上海科學技術出版社, 1993.

고명훈·방인철, "멸종위기종 좀수수치 *Kichulchoia brevifasciata*의
산란기 특징 및 초기생활사", 한국어류학회지, 26(2):89~98, 2014.

김상기, "Comparative phylogeographic and taxonomic study
of cyprinid fishes in Korea:한국산 잉어과 어류의 비교계통지리학 및
분류학적 연구", 전북대학교 대학원 경북대학교 대학원, 115pp, 2015.

김수한, "한국산 퉁가리속 *Liobagrus* 어류의 분류학적 재검토",
전북대학교 대학원, 124pp, 2013.

김익수·최승호·이흥헌·한경호, "금강에 서식하는 감돌고기
*Pseudopungtungia nigra*의 탁란", 한국어류학회지,
16(1):75~79, 2004.

남명모·강영훈·채병수·양홍준, "동해로 유입되는 가곡천과
마읍천에 서식하는 담수어의 지리적 분포",
한국어류학회지, 14(4):269~277, 2002.

백현민·송호복·심하식·김영건·권오길, "연준모치 *Phoxinus phoxinus*와
금강모치 *Rhynchocypris kumgangensis*의 서식지 분리와 먹이 선택",
한국어류학회지, 14(2):121~131, 2002.

송하윤·김재훈·서인영·방인철, "낙동강 상류 황지천에 서식하는
쉬리속(genus Coreoleuciscus) 어류 집단의 종 동정 및 잡종 판별",
한국어류학회지, 29(1):1~12, 2017.

송호복·손영목, "남한강 상류에 사는 연준모치 *Phoxinus phoxinus*의
성숙 및 생식 생태", 한국어류학회지, 14(4):262~268, 2002.

양현, "배스의 인공산란장을 이용한 구제방안 연구", 국립수산과학원 중부내수면연구소·(사)한국민물고기보존협회 공동심포지움간행물, p.72~81, 2008.

양현, "칼납자루 *Acheilognathus koreensis*와 임실납자루 *Acheilognathus somjinensis*의 생태와 종분화", 전북대학교 대학원, 2004.

최재석·변화근·권오길, "돌상어 *Gobiobotia brevibarba* (Cyprinidae)의 산란 생태", 한국어류학회지, 13(2):123~128, 2001.

Cho hyun-geun, byung-jik Kim and youn Choi, "*Hemiculter eigenmanni* (Jordan and Metz, 1913), a junior Synonym of *H. leucisculus* (Basilewsky, 1855) (Cypriniformes : Cyprinidae)", Korean J. Ichthyol., vol. 24, pp.287~291, 2012.

Joseph s. Nelson, Terry C. Grande, Mark V. H. Wilson, "Fishes of the world(5th edt.)" Wiley Inc, 707pp, 2016.

Kim dae-min, hyung-bae Jeon, and Ho-Young Suk, "*Tanakia latimarginata*, a new species of bitterling from the Nakdong River, South Korea (Teleostei : Cyprinidae)" Ichthyol. Explor. Freshwaters, Vol. 25, No. 1, pp.59~68, 2014.

Kim hyeon-su, ik-soo Kim, "*Acanthorhodeus gracilis*, a Junior Synonym of *Acheilognathus chankaensis* (Pisces : Cyprinidae) from Korea", Korean J. Ichthyol., vol. 21, pp.55~60, 2009.

Park jong-young and su-han Kim, "*Liobagrus somjinensis*, a new species of torrent catfish (Siluriformes : Amblycipitidae) from Korea". Ichthyol. Explor. Freshwater. vol. 21, (4):pp.345~352, 2010.

Song Ha-Yoon, In-Chul Bang, "*Coreoleuciscus aeruginos* (Teleostei : Cypriniformes : Cyprinidae), a new species from the Seomjin and Nakdong rivers, Korea", ZOOTAXA, vol. 3931 (1):pp.140~150, 2015.